U0379150

张量无线通信接收机设计技术

韩 曦 鲁远耀 王立军 李争平 著

西安电子科技大学出版社

内容简介

本书系统地介绍了基于张量的无线通信接收机算法设计和相关应用。全书共五章，分为三大部分：首先，介绍接收机和张量的基础知识，为后续章节奠定理论基础；接着，针对不同场景下的基于张量的接收机设计进行详细介绍，包括多输入多输出双向通信系统、无人设备辅助通信系统、无人机监听系统等；最后，探讨张量在图像处理领域的应用。本书内容系统，重点突出，理论和实例并重，并提供了一些典型问题的 Matlab 程序实现，以供读者参考。

本书可作为高等院校通信、电子信息工程、信息安全等专业本科生和研究生的专业课教材，也可作为从事无线通信领域研究的科研人员与工程技术人员的技术参考书。

图书在版编目（CIP）数据

张量无线通信接收机设计技术 / 韩曦等著. -- 西安 ：西安电子科技大学出版社，2025.1. -- ISBN 978-7-5606-7493-3

Ⅰ. TN92

中国国家版本馆 CIP 数据核字第 2025VD2891 号

策　　划　刘小莉
责任编辑　刘小莉
出版发行　西安电子科技大学出版社（西安市太白南路 2 号）
电　　话　(029) 88202421　88201467　邮　　编　710071
网　　址　www.xduph.com　　电子邮箱　xdupfxb001@163.com
经　　销　新华书店
印刷单位　陕西天意印务有限责任公司
版　　次　2025 年 1 月第 1 版　2025 年 1 月第 1 次印刷
开　　本　787 毫米×1092 毫米　1/16　印张　7.5
字　　数　110 千字
定　　价　39.00 元
ISBN 978-7-5606-7493-3
XDUP 7794001-1

前 言

PREFACE

张量最初由威廉·罗恩·哈密顿在1846年提出，并由格雷戈里奥·里奇-库尔巴斯特罗于1890年在绝对微分几何的研究中发展而来。与矩阵分解类似，张量分解主要用于将复杂的高维模型分解成张量因子或矩阵因子乘积和的形式。

在无线通信领域，盲信号处理技术因其能够充分利用信号本身的固有特征，无须依赖具体的承载信息，在提高系统频带利用率方面展现出巨大潜力。在军事通信、电子侦察等场景中，当接收端无法获得或获取导频序列代价高昂时，盲信号处理技术显得尤为重要。基于张量的盲信号处理技术充分利用了信号的多维特征以及潜在的空间、时间、频率资源，实现了在无需或仅需少量导频前提下的参量唯一性求解。

基于张量的盲信号处理方法具备多重优势：它无需或仅需少量训练序列或导频序列，节省了宝贵的带宽资源；同时，由于盲信号处理方法具有鲁棒性，在信道深度衰落时，使用该技术仍能保持有效的信号检测能力；此外，它还能在未知干扰信号信息的情况下对期望信号进行处理。因此，深入研究和优化基于张量的无线通信接收机设计及相关算法，不仅具有深刻的理论意义，更有着广泛的应用价值。

近年来，国际学术界对基于张量的信号处理技术的兴趣与日俱增，研究成果不断涌现。然而，从基础理论出发，系统且全面地介绍基于张量的接收机设计及其算法的课程和教材仍较稀缺，为了弥补这一不足，作者编写了本书。考虑到不同专业和学术背景的读者对这类内容的需求和兴趣各异，以及涉及的知识体系广泛，包括矩阵分析、信息论与编码、泛函分析、最优化理论和方法、通信原理等，本书在编写过程中力求做到内容编排合理、逻辑清晰，既满足初学者入门的需求，又能为专业研究者提供切实的指导和帮助。

本书在吸收国内外最新研究成果的基础上，对基于张量的无线通信接收机算法设计和应用进行了全面而深入的介绍。全书共五章，分为三大部分：第 1 章和第 2 章为第一部分，主要介绍接收机和张量的基础知识，为后续章节奠定理论基础；第 3 章和第 4 章为第二部分，主要针对不同场景下的基于张量的接收机设计进行详细介绍，包括多输入多输出双向通信系统、无人设备辅助通信系统、无人机监听系统等；第 5 章为第三部分，简要介绍了张量在图像处理领域的应用。

本书的算法实例多来源于作者研究团队的实践成果，部分内容还结合了国家自然科学基金和北京市自然科学基金等项目的研究进展。书中不仅提供了理论分析和算法设计，还附带了典型的 Matlab 程序实现，以供读者参考和实践。

需要指出的是，基于张量的无线通信接收机算法设计是一个很广泛博大的领域，涉及多个学科的交叉融合。本书虽力求全面，但因篇幅所限，难免有未尽之处。作者期望通过这本书能够激发读者对张量接收机设计及相关信号处理研究的兴趣和热情，同时也欢迎同行专家和读者提出宝贵的批评和建议，共同推动这一领域的发展。

在编写本书的过程中，作者参考了大量国内外相关领域的文献和资料，并向多位专家学者进行了请教。感谢清华大学的高飞飞教授、浙江大学的刘安教授、香港科技大学的应佳熙博士后等多位专家学者在本书出版过程中给予的指导和帮助，感谢作者所在的团队中的赵雨雨、赵欣远、周迎春、万继银、李沛阳、刘奕晨、祁智等全体研究生所做的大量工作，在此向他们表示衷心的感谢。

作　者

2024 年 9 月于北京

目 录

CONTENTS

第1章 导论

1.1 引言

张量(Tensor)即多维数组/数据/矩阵，是向量和矩阵在多维空间中的推广，能够表示多维数据及其数据结构。张量这一术语最初是由威廉·罗恩·哈密顿在1846年提出的，用于描述弹性介质中各点应力的状态。基于张量分解的数据分析技术在选择与数据属性匹配的约束方面比基于矩阵的方法更加灵活[1]。张量分解模型，如TUCKER模型[2]、平行因子(Parallel Factor，PARAFAC)模型[3]等，被广泛应用于心理测验、语言、化学计量、食品、社会科学等多个领域的数据分析[4]。随着高阶统计、张量分解等相关研究的发展[5-8]，张量也成为无线通信中阵列信号处理和信号分离的重要工具[9]。

张量分解可以用于解决无线通信系统中的信号处理问题。无线通信中，接收到的信号由多维信息构成，可以通过高维数据结构表示[10]。由于高速无线传输受到环境中多种因素的影响，如来自不同源的干扰、系统噪声、路径损耗等，通常在通信系统中使用多输入多输出技术(Multiple Input Multiple Output，MIMO)来对抗多径衰落效应[11]。

高维数据的传输易出现信息失真、误比特率过高等情况，在接收端采用基于张量的信道估计和信号检测方法，能够将接收信号建模为与系统参数有关的张量，并在满足其唯一性分解的条件下分离出不同信号源的信号，避免了传统信号处理方法存在的频率效率低、导频开销大等问题，为解决通信信号处理的问题提供了新的思路。此外，张量还可以解决通信系统中信号收发设备移动性强、连接不稳定、导频开销大、计算实时性要求高等方面的挑战性问题。

1.1.1 无线通信接收机

无线通信接收机有许多种，包括超外差接收机[12]、直接转换接收机[13]、软件无线电接收机[14]、扩频接收机[15]、MIMO 接收机[16]、光学接收机[17]、卫星接收机[18]和无线局域网接收机[19]等。本节以超外差接收机为例进行介绍。超外差接收机的优点有：具有动态的接收范围、卓越的邻道选择性和接收灵敏度、在混频过程中能够抑制强烈的干扰、无需复杂的直流消除电路等[20]。但它也具有一些缺点：电路复杂、成本较高、集成度相对较低、使用的滤波器成本高且体积大、功率消耗较高等。

超外差式接收机适用于需要高接收性能和复杂调制方案的应用场景，如四相相移键控、正交调幅等相干检测方案。

超外差接收机一般由天线、预选滤波器、射频放大器、本地振荡器(Local Oscillator，LO)、镜像滤波器、中频滤波器、中频放大器、解调器、基带放大器等模块构成[20]。超外差接收机能够在较广的频段内实现信息覆盖，相比于固定频率滤波器，可调谐滤波器更容易维持恒定带宽。此外，为了接收不同类型的信号，可以通过切换至不同带宽的滤波器，实现带宽变化。

超外差接收机具有有源电子器件的特性，在固定频率放大器中可提供高稳定增益。图 1.1 展示了超外差接收机射频信号处理的过程及对应结构，下面将详细介绍各模块的作用。

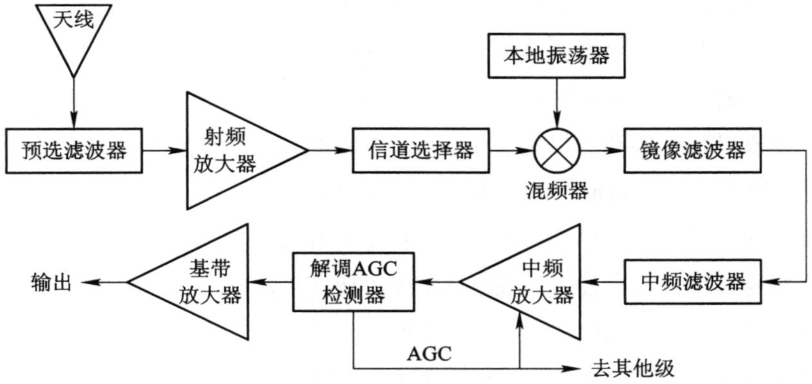

图 1.1 超外差接收机结构

天线接收到的信号通过预选滤波器和射频放大器进行初步处理，其中预选滤波器的作用是滤除带外干扰，射频放大器的作用是将输入信号增强到足够大的电平，以驱动射频输出负载，放大射频信号。放大器输出的信号通过信道选择器来滤除带内干扰，射频放大器输出的带通信号包含了同频的带内干扰，接收机需接收的是其中某个信道中的信息，所以需要用信道选择器来滤除。

信道选择器输出的射频信号通过混频器实现降频。混频器采用 LO 生成的本振信号来进行降频，该本振信号频率与射频信号频率相差一个固定中频，混频器输出的信号频率是射频信号频率和 LO 频率之差。如果输入信号频率高于 LO 频率，非线性器件将产生与射频信号相对应的差频，其频率等于 LO 频率与中频的差，称为镜像频率。镜像频率如果位于输入信号的频带内，像频位置以及附近的信号就会通过外差的变频作用搬移到中频带内，对接收信号形成干扰。因此，在混频电路之后需要镜像滤波来滤除镜像频率。

镜像滤波器的输出为中频信号，中频滤波器的作用是抑制相邻信道信号的功率，它决定了接收机的通道选择性。中频滤波器将滤波后的信号输出到中频放大器，该放大器将信号放大到适合解调器的功率水平，为下一步解调做准备。

中频放大器和解调自动增益控制（Automatic Gain Control，AGC）检测器共同构成负反馈 AGC 电路，其中解调 AGC 检测器检测信号的大小，并反馈到中频放大器，调整链路增益的大小，同时完成信号的解调。AGC 电路能够保证在接收弱信号时接收机增益升高，而接收强信号时增益降低，从而使输出信号保持在适当的电平，避免输入信号太小而使信号淹没在噪声中，或输入信号太大而使接收机发生饱和或堵塞。在 AGC 电路的控制下，整个系统的性能得到了保证，使下一级电路能够在正常的状态下工作。

AGC 检测器解调出的信号经过基带放大器放大到所需的输出电平，输出到接收机的耳机或扬声器等设备。若传输的信号为数字信号，则通过数据解调器可将解调 AGC 检测器输出的信号转换为数字信号。数字信号的解调通常采用数字处理电路，而不使用模拟解调器和放大器。

1.1.2 接收机算法

按照是否已知信道状态信息(Channel State Information，CSI)，接收机端的信号检测方法可分为非盲检测方法和盲检测方法。其中，盲检测方法又包括半盲检测方法和全盲检测方法。非盲检测方法的基本思想为在发送的数据流中插入导频或训练序列，其传输过程包括训练阶段和数据传输阶段，根据接收端获得的信道求解信号信息。为了保证计算误差尽可能小，要求训练/导频序列长度不得小于传输天线数目[21]。常见的非盲算法有最小均方误差(Minimum Mean Square Error，MMSE)算法[22]、迫零(Zero Forcing，ZF)算法[23]、递归最小二乘算法[24]以及在此基础上产生的基于 Jacobi 迭代的软检测法等[25-26]。设计训练/导频序列以及训练/导频序列长度过长将消耗大量的资源；此外，参量求解需对大维度矩阵求逆，具有较高的计算复杂度。虽然已有一些算法给出了求逆化简的方法[27]，但此类方法仍需占用导频资源，在频带资源日渐紧张的环境下，该方法有一定的弊端，并且当存在导频污染时，接收端难以区分不同的用户信息。

为了避免训练/导频序列导致的系统开销，盲检测方法应运而生：接收端无需或仅需少量先验信息，即可实现信道及各参数的检测和估计[28]。盲检测方法能够充分利用调制信号本身固有的、与具体承载信息无关的特征，如恒模、子空间、循环平稳、高阶统计量和有限字符集等，或采用判决反馈的方法进行估计。该类方法提高了系统的频谱利用率，适用于接收端无法获得或需要付出非常昂贵的代价才可获得训练序列的场景，如军事通信[29]、电子侦察[30]等。

由于盲检测方法仅利用了信号的固有特征进行估计，估计性能逊色于非盲检测方法，为获得与所需参量尽可能相近的结果，初步求解完成后往往还需要后期处理，以消除盲估计带来的固有模糊，改善检测性能。由此可见，与非盲检测方法相比，盲检测方法具有较高的时间复杂度和计算复杂度，相当于以复杂度为代价换取了较高的带宽利用率。目前，盲检测方法已在语音分离[31]、图像处理[32]、无线通信[33]等领域得到应用。

常见的盲检测算法有：基于神经网络的搜索算法[35]、基于迭代最大后验概率的估计算法[36]、基于压缩感知的算法[37-38]、基于张量的求解算法[39]等。基于列文伯格-马夸尔特的搜索算法具有很强的鲁棒性及自学习能力，易于实现，但该类方法需要已知部分数据，当数据不充分时，神经网络就无法进行工作，且易出现“过拟合”现象[40]。基于迭代最大后验概率的估计方法利用了接收端信号的高维度特性，将概率密度函数近似为高斯函数分布，但该类方法存在一定的局限性[36]。基于压缩感知的方法[41-42]也可用于获取系统参量信息，该方法使用了少量的训练/导频序列，计算复杂度较高、耗时较长，且信噪比(Signal to Noise Ratio，SNR)较大时误码率等参数下降不明显[39]，部分算法还需要反馈信道[41]，这在通信尚未建立时可行性较差。基于高阶张量的信号检测方法也属于盲信号检测算法[43-44]，它利用高阶张量独特的低秩分解特性，可以实现多维信息的估计和还原。该方法无需或者仅需少量导频信息，保证了系统的频谱效率，在部分系统参量如扩频码、预编码等已知时，其计算复杂度较低，且具有较强的鲁棒性。目前。已有学者尝试用该方法解决信号检测及信道估计问题[45]，相关研究吸引了国内外广大学者的关注。

近些年，在信号处理领域，张量技术的应用正蓬勃发展。2000年，N. D. Sidiropoulos将模型拟合算法应用到阵列信号处理领域[9]。随后，他又将该算法应用于直接序列码分多址系统[46]，实现了信号的盲检测。随着研究成果的不断出现，基于张量的信号处理技术引起了人们的重视。

在研究初期，张量信号处理技术主要集中于模型的构造和应用。在一些复杂的环境中，虽然系统的接收信号可构造为三维矩阵模型，但并不满足分解唯一性条件，若使用模型对这些信号进行分析和处理，则无法得到正确的结果。此时，需要对该模型进行扩展。R. A. Harshman 给出了存在约束的 PARAFAC 模型[47]，R. Bro 对该模型进行了深入研究并将其用于故障检测和半导体诊断[48]。R. Bro 和 N. D. Sidiropoulos 提出了平行线性相关剖面(Parallel Profiles with Linear Dependencies ，PARALIND)模型，该模型可以对带有线性相关剖面的三维数据进行处理[49]。Yu Yuanning 提出了多维张量模型，从张量角度对张量低秩分解进行了研究[50]。

基于张量的信号处理技术充分利用了信号的特征及空间、时间、频率等多种信息，在无需或者仅需少量训练/导频序列的前提下实现了对所需参量的唯一性求解，具有非常重要的现实意义和应用价值。近些年，国际学术界已经开始关注该领域，并已经有了一定的研究成果。本书正是在这样的背景下，从张量的角度对移动通信中 MIMO、协作通信等系统的信号检测及参数估计技术进行介绍。

1.2 张　量

1.2.1 张量基础

张量是定义在一些向量空间和一些对偶空间的笛卡尔积上的多重线性映射，其坐标是在 n 维空间内有 n 个分量的一种量，每个分量都是坐标的函数[51]。在坐标变换时，这些分量也依照某些规则作线性变换。张量的秩或阶用 r 表示，其与矩阵的秩和阶无关。零阶张量（$r=0$）为标量（Scalar），一阶张量（$r=1$）为向量（Vector），二阶张量（$r=2$）则称为矩阵（Matrix），三阶和三阶以上的张量称为高阶张量，高阶张量通常简称为张量，如图 1.2 所示。任何多阶张量均可由其所在空间内的一个特定坐标系表示出来。例如，对于三维空间，$r=1$ 时的张量可表示为$[x_1, x_2, x_3]$。

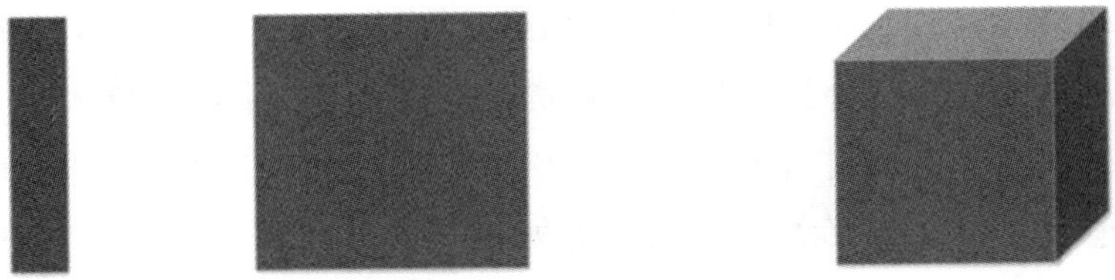

(a) 向量$\boldsymbol{x}\in\mathbf{R}^{I}$　(b) 矩阵$\boldsymbol{X}\in\mathbf{R}^{I_1\times I_2}$　(c) 三阶张量$\mathcal{X}\in\mathbf{R}^{I_1\times I_2\times I_3}$

图 1.2　张量示意图

一个 N 阶张量，表示在 N 个子空间的多重线性映射。本书中使用花体的大写字母表示张量，即$\mathcal{X}\in\mathbf{C}^{I_1\times I_2\times I_3\times\cdots\times I_N}$代表 N 阶张量，使用 $x_{i_1, i_2, \cdots, i_N}$ 表示 N 阶张量的一个元素。类似的，可以定义对角张量$\mathcal{A}\in\mathbf{C}^{I_1\times I_2\times I_3\times\cdots\times I_N}$。一个张量的阶数就是它的“维数”或“模”的总数。例如，一个张量$\mathcal{X}\in\mathbf{C}^{2\times3\times4\times5}$表示其

阶数为4，维度1的大小为2，维度2的大小为3，维度3的大小为4，维度4的大小为5。直观上看，高阶张量具有不同的模型表现形式，如PARAFAC模型[53]、PARATUCK2(Parallel Tucker2)模型[43, 54]、TUCKER模型[55]、约束因子(Constrained Factor，CONFAC)模型[56]等。不同模型的构成分量具有不同的多维度约束关系、性质和数学表达，但它们同时均具有低秩分解特性[57-58]，利用该特性可以实现信息的估计和还原。

到目前为止，高阶张量作为一种数据分析工具，已被应用于音频[59]、图像[60]、视频处理[61]、机器学习[62]、生物医学[63]、大数据处理[64]、雷达定位[65]、水声成像[66]等多个领域，并在无线通信领域得到了广泛的关注和成功的应用。在无线通信系统中，为了实现有效的参数获取，构造可行的高阶张量模型和模型的分解算法是信号处理的重点，也是张量技术应用于协作通信系统的关键，下文将分别展开介绍。

1.2.2 不同的张量模型

PARAFAC模型是研究较早的张量模型。21世纪初，PARAFAC模型首先被N. D. Sidiropoulos应用到码分多址(Code Division Multiple Access，CDMA)系统中[26]，他将接收信号写为由信道矩阵、信源信息矩阵和扩频码矩阵组成的PARAFAC模型，实现了多用户信号及信道盲检测。基于上述思想，文献[67]实现了CDMA系统小区外接入用户的盲辨识；文献[68]中，N. D. Sidiropoulos在同步CDMA系统中提出了大时延扩展情况下的多用户检测方法，但其假设所有时延均为整数，这在实际系统中很难满足。考虑到CDMA实际场景中可能出现的问题，南京航空航天大学的张小飞等学者研究了同步和非同步CDMA系统中时延码片为非整数情况下的盲检测方法[69]，该研究场景更接近实际情况。上述研究均利用了接收信号的空间、时间、扩频三个维度进行PARAFAC建模。在过采样系统和多载波调制系统中，接收端信号可以表示为由空间、时间、过采样或者空间、时间、频率构成的PARAFAC模型[70]，实现信源信号的估计。三维矩阵模型的三个维度表示可参考图1.3。其中，三维空间的前两维代表了时间维度和空间维度，时间维度与接收端处理的数据块长度有关，空间维度与接收端的天线数目有关，第三个维度的含义取决于通信系统传输端或接收端的信号处理方式。

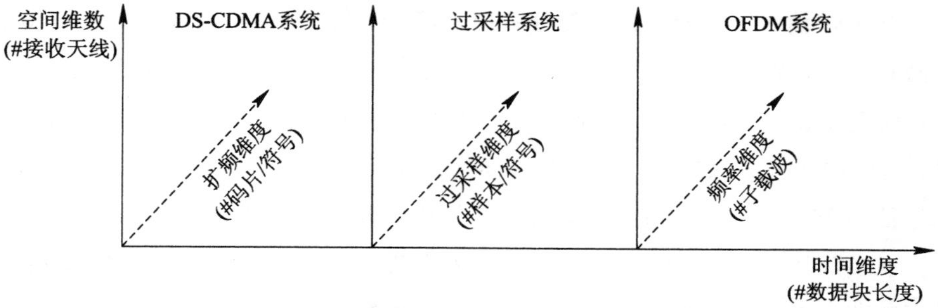

图 1.3　接收信号在 DS-CDMA、过采样和 OFDM 系统中的三维表示

PARALIND 模型是由 R. Bro 和 N. D. Sidiropoulos 在 2005 年提出的[49]，用于处理存在相关剖面的 PARAFAC 模型。2009 年，张小飞等学者利用该模型解决了多径异步 CDMA 信号的多用户检测问题[71]，该研究假设用户的时延小于符号周期时间，并且信道保持块静止。2009—2011 年，南京航空航天大学的刘旭等学者在 MIMO－CDMA 系统中，构造了 PARALIND 模型，在信道衰落系数和用户扩频码均未知的情况下实现了多用户检测[72]；他们还在多径 CDMA 系统中构建了 PARALIND 模型，提出了新的到达角估计和多用户联合检测方法，该方法在获得多径信号波达方向(Direction Of Arrival，DOA)的同时，能够自然区分不同用户的多径信息，实现多用户检测[73]。2013 年，张小飞等学者提出了一种声矢量传感器阵列的参数估计方法，通过构造 PARALIND 模型，实现了阵列方向角的估计，所提算法具有优于时空匹配滤波器的性能，并且可适用于任意阵列[74]，但当阵列方向角接近 90°时，算法的性能会受到影响。

张量模型除了上文介绍的三维模型外，还可以向更高维度扩展，如四维甚至 N 维张量模型[75]。考虑到移动通信系统的参量个数，三维模型的应用最为广泛。

1.2.3 张量接收机算法研究现状

基于张量的信号处理技术充分利用了信号的特征及空间、时间、频率等各种潜在资源，能够实现对所需参量的唯一性求解，具有非常重要的现实意义和应用价值。近些年，国际学术界已经开始关注该领域，并具备了一定的研究成果。目前的研究方兴未艾，正是在这样的背景下，本书从张量的角度，针对移动通信中 MIMO、协作通信等系统的信号检测及参数估计技术进行研究。

在实际场景中，通信系统的信道状态信息往往难以获得，信号接收端利用已有的非盲检测方法来估计信道通常需要占用较多的频带资源，系统频谱效率和能量效率也会随着信道估计中导频序列的使用而降低。因此，不使用或仅使用少量导频序列的信道估计方法，逐渐被广大学者所关注。2009 年，A. L. F. de Almeida 教授在文献[54]中，针对协作 MIMO 系统提出了一种基于 PARATUCK2模型的设计方案，该方案利用 PARATUCK2 模型的内在结构特性，在发射端设计了一个预编码矩阵和两个分别用于控制数据流扩展和复用的分配矩阵，在接收端对接收信号构造 PARATUCK2 模型，无需导频序列即可实现信道和信号的联合估计。随后，文献[43]提出了一种新的信道估计方法，通过发送少量导频序列，即可对基站接收的信号进行处理并构造 PARAFAC 张量模型，实现了信源到中继信道和中继到基站信道的联合估计；根据高阶张量低秩分解条件，还可以求出导频序列块的最低门限。2014 年，韩曦联合 A. L. F. de Almeida 教授在论文中给出了多跳场景中信号检测的通用模型及处理方法[44]。2019 年，韩曦联合 A. L. F. de Almeida 教授和浙江大学的刘安教授共同研究了双向中继系统的接收端张量模型[76]，即基于构造的 PARAFAC - PARATUCK2 联合模型，获取了对端用户信号及信道信息，仿真验证了该算法的检测性能接近于非盲的 ZF、MMSE 算法，并且在信号检测性能上明显优于两步训练(Two Stage Training，TST)算法。

确定了张量模型后，可以采用多种方法对其进行拟合求解。广义上，可将拟合方法分为直接分解法和迭代求解法两类。直接分解法是一种非迭代算法，该类算法计算复杂度较低，但其对张量结构的要求比较苛刻，具有一定的局限性，如 Khatri-Rao 分解法[77]要求参与运算的矩阵在分块后行块数和列块数分别保持相同，矩阵的阶数可以不一致；Kronecker 分解法[78]需满足参与运算的矩阵秩为 1 或分块矩阵的行展开式秩为 1 等。迭代算法是高阶张量模型常用的求解算法，该类方法对张量模型的要求较低，且实现简单，主要包括三线性交替最小二乘(Trilinear Alternating Least Square，TALS)算法[54]、高斯-牛顿算法[79]、神经网络算法[80]等。其中，TALS 算法较常用，该算法误差较小，对张量模型的要求较低且参数可选范围大，但存在较高的计算复杂度。为了解决该问题，H. Martin 和 K. D. Tian 相继提出了基于 ALS 的加强性直接拟合算法和几何搜索算法[81-82]，分别将半代数方法和迭代搜索方向与 PARAFAC2 模型结合，提高了算法的鲁棒性和效率。高斯-牛顿算法在迭代的同时，更新所有未知参量，容易得到局部最优解而非全局最优解。神经网络算法具有较高的计算复杂度，并且无法对大的阵列进行匹配，尤其是基于迭代的拟合算法的研究和改进还具有很大的空间。在现有基础上，探究高可靠低复杂度的拟合算法，具有重要的研究意义和应用价值。

1.3 本书安排

本书具体安排如下：

第 1 章介绍接收机的基础、张量常见模型及张量接收机算法的研究现状。

第 2 章介绍张量基本理论，是后续张量相关应用研究的基础。

第 3 章介绍了基于张量的 MIMO 通信中的信道估计应用，主要包括同频同时全双工(Co-frequency Co-time Full Duplex，CCFD)，中继系统中基于张量的信道估计方法、基于 TUCKER2 模型和 PARATUCK2 模型的双向 MIMO 中继系统信道估计方法。

第 4 章介绍了基于张量的集群无人机信号接收技术，主要包括基于编码协作的集群无人机参数估计算法和基于张量的信息监听方法。

第 5 章简要介绍了张量在图像处理领域中的应用。

本章参考文献

[1] CICHOCKI A, MANDIC D, PHAN A, et al. Tensor decompositions for signal processing applications: From two-way to multiway component analysis. IEEE Signal Processing Magazine, 2015, 32(2): 145-163.

[2] TUCKER L R, TUCKER L. The extension of factor analysis to three-dimensional matrices. Contributions to Mathematical Psychology, 1964.

[3] HARSHMAN R A. Foundations of the PARAFAC procedure: Models and conditions for an "explanatory" multi-modal factor analysis. UCLA Working Papers in Phonetics, 1970, 16(1): 84.

[4] SMILDE A K, BRO R, GELADI P. Multi-way analysis: applications in the chemical sciences. John Wiley & Sons, 2005.

[5] NIKIAS C L, MENDEL J M. Signal processing with higher-order spectra. IEEE Signal Processing Magazine, 1993, 10(3): 10-37.

[6] CARDOSO J F, SOULOUMIAC A. Blind beamforming for non-Gaussian signals. IEE proceedings of Radar and Signal Processing, 1993, 140(6): 362-370.

[7] LATHAUWER L, MOOR B, VANDEWALLE J. A multilinear singular value decomposition. SIAM Journal on Matrix Analysis and Applications, 2000, 21(4): 1253-1278.

[8] BEYLKIN G, MOHLENKAMP M J. Algorithms for numerical analysis in high dimensions. SIAM Journal on Scientific Computing, 2005, 26(6): 2133-2159.

[9] SIDIROPOULOS N D, BRO R, GIANNAKIS G B. Parallel factor

analysis in sensor array processing. IEEE Transactions on Signal Processing, 2000, 48(8): 2377 - 2388.

[10] HAN X, ZHAO X Y, ALMEIDA A L F, et al. Enhanced tensor-based joint channel and symbol estimation in dual-hop MIMO relaying systems. IEEE Communications Letters, 2021, 25(5): 1655 - 1659.

[11] ALMEIDA A L F, FAVIER G, MOTA J C M. PARAFAC-based unified tensor modeling for wireless communication systems with application to blind multiuser equalization. Signal Processing, 2007, 87(2): 337 - 351.

[12] YUAN L C L, MILLER C E. An ultra-high frequency superheterodyne receiver for direction finding. Review of Scientific Instruments, 1940, 11(9): 273 - 276.

[13] RAZAVI B. Design considerations for direct-conversion receivers. IEEE Transactions on Circuits and Systems Ⅱ: Analog and Digital Signal Processing, 1997, 44(6): 428 - 435.

[14] HENTSCHEL T, FETTWEIS G. CDMA Techniques for Third Generation Mobile Systems. Boston, MA: Springer US, 1999: 257 - 283.

[15] PICKHOLTZ R L, MILSTEIN L B, SCHILLING D L. Spread spectrum for mobile communications. IEEE Transactions on Vehicular Technology, 1991, 40(2): 313 - 322.

[16] YANG J, ROY S. On joint transmitter and receiver optimization for multiple-input-multiple-output transmission systems. IEEE Transactions on Communications, 1994, 42(12): 3221 - 3231.

[17] OGAWA K. Considerations for optical receiver design. Athens, Ohio: IEEE Journal on Selected Areas in Communications, 1983, 1(3): 524 - 532.

[18] AKOS D M. A software radio approach to global navigation satellite system receiver design. Athens, Ohio: Ohio University, 1997.

[19] RAZAVI B. A 2.4GHz CMOS receiver for IEEE 802.11 wireless LANs. IEEE Journal of Solid-state Circuits，1999，34(10)：1382－1385.

[20] ANDREAS F，MOLISCH. 无线通信. 田斌，帖翊，任光亮，译. 北京：电子工业出版社，2015.

[21] ZHANG J W，YUAN X J，ZHANG Y J. Blind signal detection in massive MIMO：exploiting the channel sparsity. IEEE Transactions on Communications，2018，66(2)：700－712.

[22] KAPUR A，DAS D，VARANASI M K. Noncoherent MMSE multiuser receivers for nonorthogonal multipulse modulation and blind adaptive algorithms. Conference on Information Sciences and Systems，Princeton，2000.

[23] KLEIN A，KALEH G K，BAIER P W. Zero forcing and minimum mean-square-error equalization for multiuser detection in code-division multiple-access channels. IEEE Transactions on Vehicular Technology，1996，45(2)：276－287.

[24] XIE Z，RUSHFORTH C K，SHORT R T，et al. Joint signal detection and parameter estimation in multiuser communications. IEEE Transactions on Communications，1993，41(8)：1208－1216.

[25] ARAÚJO D C，MAKSYMYUK T，ALMEIDA A L F，et al. Massive MIMO：survey and future research topics. IET Communications，2016，10(15)：1938－1946.

[26] 申滨，赵书锋，黄龙杨. 基于Jacobi迭代的大规模MIMO系统低复杂度软检测算法. 北京邮电大学学报，2017，40(5)：55－60.

[27] 申滨，华权，王倩，等. 基于矩阵求逆化简的大规模MIMO系统线性信号检测. 北京邮电大学学报，2016，39(6)：77－81.

[28] 韩曦，周迎春，赵欣远，等. CCFD中继系统中基于多维矩阵的信道估计方法. 华南理工大学学报，2020，48 (01)：133－138.

[29] AGEE B G. Blind separation and capture of communication signals using a multitarget constant modulus beamformer. IEEE Military

Communications Conference Bridging the Gap. Interoperability, Survivability, Security. 1989: 340－346.

[30] HAN X, ZHAO X, YING J, et al. Tensor-based information monitoring receiver in UAV-aided MIMO communication systems. IEEE Wireless Communications Letters, 2021, 11(1): 155－159.

[31] STAN A, VALENTINI-BOTINHAO B C, ORZA B, et al. Blind speech segmentation using spectrogram image-based features and mel cepstral coefficients. 2016 IEEE Spoken Language Technology Workshop, San Diego, CA, USA, 2016.

[32] LUO X Y, WANG D S, WANG P, et al. A review on blind detection for image steganography. Signal Processing, 2008, 88(9): 2138－2157.

[33] YAO Y, LUO S S, XU C B, et al. Blind MIMO detection for doubly-selective fading channels. IEEE 24th International Workshop on Signal Processing Advances in Wireless Communications, Shang hai, China, 2023.

[34] YUE R, KHANDAKER M R A, YONG X. Channel estimation of dual hop MIMO relay system via parallel factor analysis, IEEE Transactions on Wireless Communications, 2012, 11(6): 2224－2233.

[35] YE H, LI G H, JUANG B H. Power of deep learning for channel estimation and signal detection in OFDM systems. IEEE Wireless Communications Letters, 2018, 7(1): 114－117.

[36] 秦闯. 大规模 MIMO 信号检测算法研究. 宁波: 宁波大学, 2017.

[37] MARZI Z, RAMASAMY D, MADHOW U. Compressive channel estimation and tracking for large arrays in mm-wave picocells. IEEE Journal of Selected Topics in Signal Processing, 2016, 10(3): 514－527.

[38] BI D J, XIE Y L, LI X F, et al. A Sparsity basis selection method for compressed sensing, IEEE Signal Processing Letters, 2015, 22(10): 1738－1742.

[39] ZHOU Z, FANG J, YANG L X, et al. Channel estimation for millimeter-wave multiuser MIMO systems via PARAFAC decomposition. IEEE Transactions on Wireless Communications, 2016, 15(11): 7501-7516.

[40] VIEIRA J, LEITINGER E, SARAJLIC M, et al. Deep convolutional neural networks for massive MIMO fingerprint-based positioning. The 28th IEEE Annual International Symposium on Personal, Indoor, and Mobile Radio Communications, Montreal, Canada, 2017.

[41] ALKHATEEB A, LEUS G, HEATH R. Limited feedback hybrid precoding for multi-user millimeter wave systems. IEEE Transactions on Wireless Communications, 2015, 14(11): 6481-6494.

[42] XU S, LAMARE R C, POOR H V. Distributed compressed estimation based on compressive sensing. IEEE Signal Processing Letters, 2015, 22(9): 1311-1315.

[43] HAN X, ALMEIDA A L F. Multiuser receiver for joint symbol/channel estimation in dual-hop relaying systems. Wireless Personal Communications, 2015, 83(1): 17-33.

[44] HAN X, ALMEIDA A L F, YANG Z. Channel estimation for MIMO multi-relay systems using a tensor approach. EURASIP Journal on Advances in Signal Processing, 2014, 163(1): 1-14.

[45] FREITAS W C, FAVIER G, ALMEIDA A L F. Sequential closed-form semiblind receiver for space-time coded multihop relaying systems. IEEE Signal Processing Letters, 2017, 24(12): 1773-1777.

[46] SIDIROPOULOS N D, GIANNAKIS G B, BRO R. Blind PARAFAC receivers for DS-CDMA systems. IEEE Transactions on Signal Processing, 2000, 48(3): 810-823.

[47] RAJIH M, COMON P, HARSHMAN R A. Enhanced line search: A novel method to accelerate PARAFAC. SIAM Journal on Matrix Analysis and Applications, 2008, 30(3): 1128-1147.

[48] BRO R, KIERS H A L. A new efficient method for determining the number of components in PARAFAC models. Journal of Chemometrics: a Journal of the Chemometrics Society, 2003, 17(5): 274-286.

[49] BRO R, HARSHMAN R A, SIDIROPOULOS N D, LUNDY M E. Modeling multi-way data with linearly dependent loadings. Journal of Chemometrics: a Journal of the Chemometrics Society, 2009, 23(7/8): 324-340.

[50] ACAR T, YU Y N, PETROPULU A P. Blind MIMO system estimation based on PARAFAC decomposition of higher order output tensors. IEEE Transactions on Signal Processing, 2006, 54(11): 4156-4168.

[51] XU Y Y, YIN W T. A block coordinate descent method for regularized multiconvex optimization with applications to nonnegative tensor factorization and completion. SIAM Journal on Imaging Sciences, 2013, 6(3): 1758-1789.

[52] BOWEN R M. Introduction to vectors and tensors. Plenum Press, 1980.

[53] ZHOU P, LU C, LIN ZC, et al. Tensor factorization for low-rank tensor completion, IEEE Transactions on Image Processing, 2018, 27(3): 1152-1163.

[54] ALMEIDA A L F, FAVIER G, XIMENES L R. Space-time-frequency (STF) MIMO communication systems with blind receiver based on a generalized PARATUCK2 model. IEEE Transactions on Signal Processing, 2013, 61(8): 1895-1909.

[55] FAVIER G, FERNANDES C A R, ALMEIDA A L F. Nested tucker tensor decomposition with application to MIMO relay systems using tensor space-time coding (TSTC). Signal Processing, 2016, 128: 318-331.

[56] ALMEIDA A L F, LUCIANI X, STEGEMAN A, et al. CONFAC

decomposition approach to blind identification of underdetermined mixtures based on generating function derivatives. IEEE Transactions on Signal Processing, 2012, 60(11): 5698 - 5713.

[57] ZHANG J, LI X, JING P, et al. Low-rank regularized heterogeneous tensor decomposition for subspace clustering. IEEE Signal Processing Letters, 2018, 25(3): 333 - 337.

[58] ROEMER F, HAARDT M. Tensor-based channel estimation and iterative refinements for two-way relaying with multiple antennas and spatial reuse, IEEE Transactions on Signal Processing, 2010, 58(11): 5720 - 5735.

[59] OZEROV A, FÉVOTTE C, BLOUET R. Multichannel nonnegative tensor factorization with structured constraints for user-guided audio source separation. 2011 IEEE International Conference on Acoustics, Speech and Signal Processing (ICASSP). Prague, Czech Republic, 2011.

[60] BIHAN D L, MANGIN J F, POUPON C, et al. Diffusion tensor imaging: concepts and applications. Journal of Magnetic Resonance Imaging: an Official Journal of the International Society for Magnetic Resonance in Medicine, 2001, 13(4): 534 - 546.

[61] BENGUA J A, PHIEN H N, TUAN H D, et al. Efficient tensor completion for color image and video recovery: low-rank tensor train. IEEE Transactions on Image Processing, 2017, 26(5): 2466 - 2479.

[62] SIDIROPOULOS N D, LATHAUWER L, FU X, et al. Tensor decomposition for signal processing and machine learning. IEEE Transactions on Signal Processing, 2017, 65(13): 3551 - 3582.

[63] HUNYADI B, HUFFEL S, VOS M. The power of tensor decompositions in biomedical applications. 2016.

[64] NGUYEN V D, ABED-MERAIM K, LINH-TRUNG N. Fast tensor decompositions for big data processing, IEEE International Conference

on Advanced Technologies for Communications, Hanoi, Vietnam, 2016.

[65] HASSANIEN A, VOROBYOV S A, KHABBAZIBASMENJ A. Transmit radiation pattern invariance in MIMO radar with application to DOA estimation. IEEE Signal Processing Letters, 2015, 22(10): 1609-1613.

[66] HUANG Z H, LI S T, FANG LY, et al. Hyperspectral image denoising with group sparse and low-rank tensor decomposition. IEEE Access, 2018, 6: 1380-1390.

[67] JIANG T, SIDIROPOULOS N D. A direct blind receiver for SIMO and MIMO OFDM systems subject to unknown frequency offset and multipath. In the 4th IEEE Workshop on Signal Processing Advances in Wireless Communications. Rome, Italy, 2003.

[68] SIDIROPOULOS N D, DIMIC G Z. Blind multiuser detection in W-CDMA systems with large delay spread. IEEE Signal Processing Letters, 2001. 8(3): 87-89.

[69] 张小飞，赵瑞娜，徐大专. 大时延扩展 CDMA 信道下空时多用户检测. 南京航空航天大学学报，2007(2)：204-207.

[70] ALMEIDA A L F, FAVIER G, MOTA J C M. Generalized PARAFAC model for multidimensional wireless communications with application to blind multiuser equalization. Conference Record of the Thirty-ninth Asilomar Conference on Signals, Systems and Computers. Pacific Grove, CA, 2005.

[71] ZHANG X F, FENG G P, XU D Z, et al. Blind PARALIND space-time multiuser detection for asynchronous CDMA system. Journal of Circuits, Systems, and Computers, 2009. 18(3): 503-517.

[72] 刘旭，许宗泽. 基于 PARALIND 模型的 MIMO-CDMA 盲多用户检测算法. 系统工程与电子技术，2011(2)：404-410.

[73] 刘旭. 基于多维矩阵低秩分解的信号处理技术研究. 南京：南京航空航

天大学，2009.

[74] ZHANG X F，ZHOU M，LI J. A PARALIND decomposition-based coherent two-dimensional direction of arrival estimation algorithm for acoustic vector-sensor arrays. Sensors，2013，13(4)：5302-5316.

[75] ALMEIDA A L F，LUCIANI X，COMON P. Fourth-order CONFAC decomposition approach for blind identification of underdetermined mixtures. 2012 Proceedings of the 20th European Signal Processing Conference，Bucharest，Romania，2012.

[76] HAN X，ALMEIDA A L F，LIU A，et al. Semi-blind receiver for two-way MIMO relaying systems based on joint channel and symbol estimation. IET Communications，2019，13(8)：1090 - 1094.

[77] 刘旭，许宗泽. 应用 Khatri-Rao 积分解的 DS-CDMA 盲多用户检测. 电子科技大学学报，2011，40(1)：20 - 25.

[78] 郑文添，徐倬，梁彦，等. 基于 3 种典型天线阵列的 3D MIMO Kronecker 信道建模. 系统工程与电子技术，2017，39(6)：1366 - 1373.

[79] HUANG K J，FU X X. Low-complexity proximal gauss-newton algorithm for nonnegative matrix factorization. IEEE global conference on signal and information processing，Ottawa，Canada，2019.

[80] CHEN Y W，GUO K，PAN Y. Robust supervised learning based on tensor network method. The 33rd Youth Academic Annual Conference of Chinese Association of Automation，Nanjing，China，2018.

[81] CHENG Y，MARTIN H. Enhanced direct fitting algorithms for PARAFAC2 with algebraic ingredients. IEEE Signal Processing Letters，2019，26(4)：533 - 537.

[82] TIAN K D，WU L J，MIN S G，et al. Geometric search：A new approach for fitting PARAFAC2 models on GC-MS data. Talanta，2018，185：378 - 386.

第 2 章

张量理论基础

2.1 张量基础概念及代数运算

2.1.1 张量纤维和切片

为了进一步表示张量的结构特征，需要知道张量纤维和张量切片的定义[1-2]。张量纤维是改变多个下标，其他下标不变得到的多路阵列。根据模式的不同，三阶张量有不同的模式表达，如图 2.1 所示。模式 1 表示三阶张量的行纤维，用符号 $\boldsymbol{X}_{:jk}$ 表示。模式 2 表示三阶张量的列纤维，用符号 $\boldsymbol{X}_{i:k}$ 表示。模式 3 表示三阶张量的管纤维，用符号 $\boldsymbol{X}_{ij:}$ 表示。

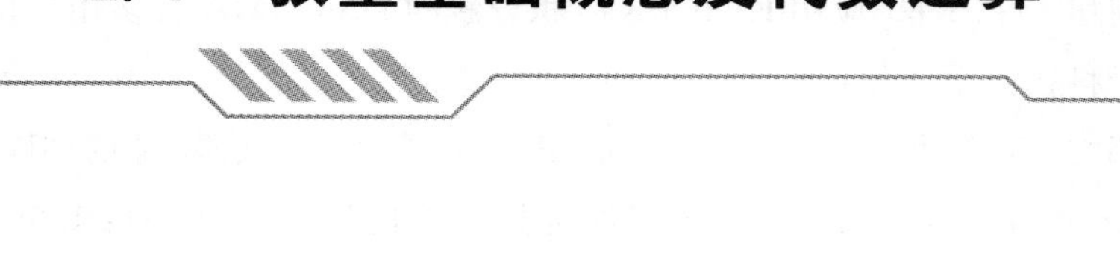

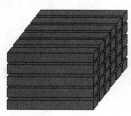

(a) 模式1：行纤维　(b) 模式2：列纤维　(c) 模式3：管纤维

图 2.1　张量纤维示意图

张量切片是改变张量的一个下标，其他下标保持不变形成的。同样，对于三阶张量有三种模式，如图 2.2 所示。模式 1 表示张量的正向切片，用符号 $\boldsymbol{X}_{::k}$表示；模式 2 表示张量的水平切片，用符号 $\boldsymbol{X}_{i::}$表示；模式 3 表示张量的侧面切片，用符号 $\boldsymbol{X}_{:j:}$表示。

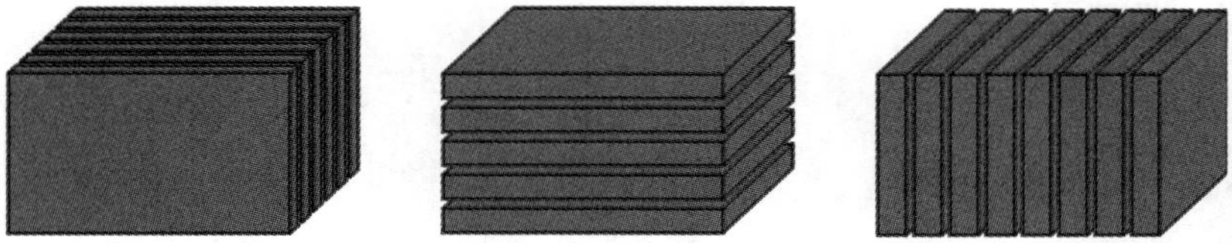

(a) 模式1：正向切片　(b) 模式2：水平切片　(c) 模式3：侧面切片

图 2.2　张量切片示意图[1]

2.1.2　张量的运算

张量应用中有很多重要的运算，这些运算与传统的线性代数相似，但比它们更丰富、更有实用意义。为了清楚地描述这些公式，下面将给出相应的数学计算法则并给出例子表示。首先定义以下运算：⊗表示 Kronecker 积，⊙表示 Khatri-Rao 积，∘表示外积[3]。下面详细介绍张量运算相关法则。

（1）对于任意两个矩阵 $\boldsymbol{A}\in\mathbf{C}^{p\times q}$和 $\boldsymbol{B}\in\mathbf{C}^{m\times n}$，其 Kronecker 积定义为[4]

$$\boldsymbol{A}\otimes\boldsymbol{B}=\begin{bmatrix} a_{11}\boldsymbol{B} & a_{12}\boldsymbol{B} & \cdots & a_{1n}\boldsymbol{B} \\ a_{21}\boldsymbol{B} & a_{22}\boldsymbol{B} & \cdots & a_{2n}\boldsymbol{B} \\ \vdots & \vdots & & \vdots \\ a_{m1}\boldsymbol{B} & a_{m2}\boldsymbol{B} & \cdots & a_{mn}\boldsymbol{B} \end{bmatrix}\in\mathbf{C}^{pm\times qn} \tag{2-1}$$

例如，已知 $\boldsymbol{A}=\begin{bmatrix} 1 & 2 \\ 3 & 4 \end{bmatrix}$，$\boldsymbol{B}=\begin{bmatrix} 1 & 2 & 3 \\ 4 & 5 & 6 \end{bmatrix}$，则

$$\boldsymbol{A}\otimes\boldsymbol{B}=\begin{bmatrix} 1 & 2 & 3 & 2 & 4 & 6 \\ 4 & 5 & 6 & 8 & 10 & 12 \\ 3 & 6 & 9 & 4 & 8 & 12 \\ 12 & 15 & 18 & 16 & 20 & 24 \end{bmatrix}$$

(2) 两个具有相同列数的矩阵 $\boldsymbol{C}\in\mathbf{C}^{p\times m}$ 和 $\boldsymbol{D}\in\mathbf{C}^{q\times m}$，其 Khatri-Rao 积定义为[5]

$$\boldsymbol{C}\odot\boldsymbol{D}=[\boldsymbol{c}_1\otimes\boldsymbol{d}_1,\quad \boldsymbol{c}_2\otimes\boldsymbol{d}_2,\quad \cdots\quad ,\boldsymbol{c}_n\otimes\boldsymbol{d}_n]\in\mathbf{C}^{pq\times m}\tag{2-2}$$

上式 $\boldsymbol{c}_n$ 和 $\boldsymbol{d}_n$ 分别是矩阵 $\boldsymbol{C}$ 和 $\boldsymbol{D}$ 的第 n 列的列向量。例如，已知 $\boldsymbol{C}=\begin{bmatrix}1&2\\3&4\end{bmatrix}$，$\boldsymbol{D}=\begin{bmatrix}1&4\\2&5\\3&6\end{bmatrix}$，则

$$\boldsymbol{C}\odot\boldsymbol{D}=\begin{bmatrix}1&8\\2&10\\3&12\\3&16\\6&20\\9&24\end{bmatrix}$$

(3) 三个向量 $\boldsymbol{a}\in\mathbf{C}^{I\times 1}$，$\boldsymbol{b}\in\mathbf{C}^{J\times 1}$ 和 $\boldsymbol{c}\in\mathbf{C}^{K\times 1}$ 的外积为三阶张量，其定义为

$$\mathcal{X}=\boldsymbol{a}\circ\boldsymbol{b}\circ\boldsymbol{c}=\begin{bmatrix}a_1b_1&\cdots&a_1b_J\\\vdots&&\vdots\\a_Ib_1&\cdots&a_Ib_J\end{bmatrix}\circ[c_1\quad\cdots\quad c_K]\tag{2-3}$$

(4) 矩阵 $\mathbf{A}\in\mathbf{C}^{I\times J}$ 的向量化操作定义为[6]

$$\mathrm{vec}(\mathbf{A})=\begin{bmatrix}\mathbf{A}_{\cdot 1}^{\mathrm{T}}\\\vdots\\\mathbf{A}_{\cdot J}^{\mathrm{T}}\end{bmatrix}\in\mathbf{C}^{IJ\times 1}\tag{2-4}$$

(5) 两个张量 $\mathcal{A}\in\mathbf{C}^{I_1\times I_2\times I_3\times\cdots\times I_N}$ 和 $\mathcal{B}\in\mathbf{C}^{I_1\times I_2\times I_3\times\cdots\times I_N}$ 求和，定义为

$$\mathcal{C}=\mathcal{A}+\mathcal{B}\in\mathbf{C}^{I_1\times I_2\times I_3\times\cdots\times I_N}\tag{2-5}$$

(6) 张量 $\mathcal{A}\in\mathbf{C}^{I_1\times I_2\times I_3\times\cdots\times I_N}$ 和向量 $\boldsymbol{b}\in\mathbf{C}^{I_n\times 1}$ 的模 n 乘积为[7]

$$\boldsymbol{c}=\mathcal{A}\times_n\boldsymbol{b}\in\mathbf{C}^{I_1\times\cdots\times I_{n-1}\times I_{n+1}\times\cdots\times I_N}\tag{2-6}$$

其元素表示为

$$c_{i_1\cdots i_{n-1}i_{n+1}\cdots i_N}=\sum_{i_n=1}^{I_n}a_{i_1i_2\cdots i_N}b_{i_n}\tag{2-7}$$

(7) 张量$\mathcal{A}\in\mathbf{C}^{I_1\times I_2\times I_3\times\cdots\times I_N}$和矩阵$\boldsymbol{B}\in\mathbf{C}^{J\times I_N}$的模 n 乘积为

$$\mathcal{C}=\mathcal{A}\times_n\boldsymbol{B}\in\mathbf{C}^{I_1\times\cdots\times I_{n-1}\times J\times I_{n+1}\times\cdots\times I_N} \tag{2-8}$$

其元素表示为

$$c_{i_1\cdots i_{n-1}ji_{n+1}\cdots i_N}=\sum_{i_n=1}^{I_n}a_{i_1i_2\cdots i_N}b_{ji_n} \tag{2-9}$$

这个定义可以写成沿模 n 展开的形式：

$$\mathcal{X}=\mathcal{A}\times_n\boldsymbol{B}\Leftrightarrow X_{(n)}=\boldsymbol{BA}_{(n)} \tag{2-10}$$

从上面张量与向量、张量与矩阵的模 n 乘积两个运算可以看出，模 n 乘积抵消了相同的维数，但生成新的张量维数增加，这与矩阵乘积相似，但略有不同。

2.2 张量分解及其唯一性

张量作为一种数学工具，常用于通信领域之中，能解决信道估计、参数估计等问题，主要原因是张量模型具有分解唯一性。下文将着重介绍几种常用于通信系统中的张量模型的分解唯一性。

2.2.1 PARAFAC 分解及其唯一性

1970 年，学者 R. A. Harshman 研究了多维矩阵低秩分解模型，并将其命名为平行因子模型[8]，随后，有学者也对其进行了深入研究，称为规范分解(Canonical Decomposition，CANDECOMP)模型[9]。近年来，这种分解方法在信号处理中得到了广泛的应用。PARAFAC 是一个秩为 3 的张量模型，根据定义，它的低秩分解表达式为

$$\mathcal{X} = \boldsymbol{a}_1 \circ \boldsymbol{b}_1 \circ \boldsymbol{c}_1 + \cdots + \boldsymbol{a}_R \circ \boldsymbol{b}_R \circ \boldsymbol{c}_R = \sum_{r=1}^{R} \boldsymbol{a}_r \circ \boldsymbol{b}_r \circ \boldsymbol{c}_r \tag{2-11}$$

其中，$\boldsymbol{a}_r \in \mathbf{C}^{I_1 \times 1}$，$\boldsymbol{b}_r \in \mathbf{C}^{I_2 \times 1}$ 和 $\boldsymbol{c}_r \in \mathbf{C}^{I_3 \times 1}$ 分别表示加载矩阵 $\mathbf{A} \in \mathbf{C}^{I_1 \times R}$，$\boldsymbol{B} \in \mathbf{C}^{I_2 \times R}$ 和 $\boldsymbol{C} \in \mathbf{C}^{I_3 \times R}$ 的第 r 列。根据定义，$\mathcal{X}$ 可以等价表示为如下的乘积形式：

$$\mathcal{X} = \boldsymbol{I}_R \times_1 \mathbf{A} \times_2 \boldsymbol{B} \times_3 \boldsymbol{C} \tag{2-12}$$

其中，$\boldsymbol{I}_R$ 是一个维度为 $R \times R \times R$ 的三维单位矩阵。图 2.3 给出了 PARAFAC 模型的分解示意图，PARAFAC 分解可认为是核张量为单位张量的特殊 TUCKER3 分解。

三维矩阵 PARAFAC 分解的标量形式为

$$x_{i_1, i_2, i_3} = \sum_{r=1}^{R} a_{i_1, r} b_{i_2, r} c_{i_3, r} \tag{2-13}$$

其中，$i_1 = 1, \cdots, I_1$，$i_2 = 1, \cdots, I_2$ 和 $i_3 = 1, \cdots, I_3$。

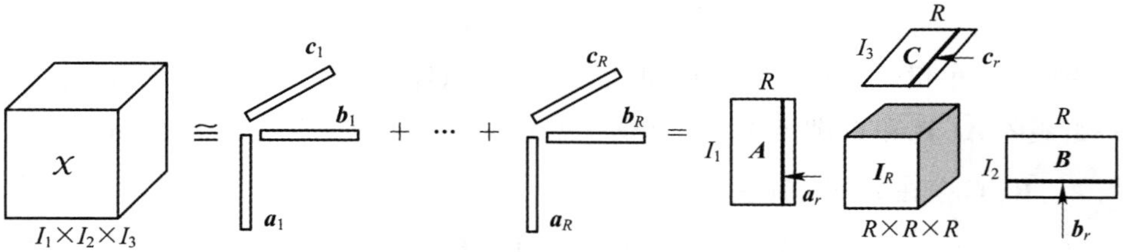

图 2.3　PARAFAC 模型分解示意图

从张量$\mathcal{X}$的三个切片方向，可得到 PARAFAC 分解的三个剖面表达式：

$$\boldsymbol{X}_{i_1 ..} = \boldsymbol{B}D_{i_1}(\boldsymbol{A})\boldsymbol{C}^{\mathrm{T}}, \ i_1 = 1, \cdots, I_1 \tag{2-14}$$

$$\boldsymbol{X}_{. i_2 .} = \boldsymbol{C}D_{i_2}(\boldsymbol{B})\boldsymbol{A}^{\mathrm{T}}, \ i_2 = 1, \cdots, I_2 \tag{2-15}$$

$$\boldsymbol{X}_{.. i_3} = \boldsymbol{A}D_{i_3}(\boldsymbol{C})\boldsymbol{B}^{\mathrm{T}}, \ i_3 = 1, \cdots, I_3 \tag{2-16}$$

其中，$D_{i_1}(\boldsymbol{A})$是对角化算子。通过将三个剖面表达式的切片逐行叠加，得到矩阵的展开式为

$$\boldsymbol{X}_1 = \begin{bmatrix} \boldsymbol{X}_{..1} \\ \vdots \\ \boldsymbol{X}_{..I_3} \end{bmatrix} = \begin{bmatrix} \boldsymbol{A}D_1(\boldsymbol{C}) \\ \vdots \\ \boldsymbol{A}D_{I_3}(\boldsymbol{C}) \end{bmatrix} \boldsymbol{B}^{\mathrm{T}} = (\boldsymbol{C} \odot \boldsymbol{A})\boldsymbol{B}^{\mathrm{T}} \tag{2-17}$$

$$\boldsymbol{X}_2 = \begin{bmatrix} \boldsymbol{X}_{1..} \\ \vdots \\ \boldsymbol{X}_{I_1..} \end{bmatrix} = \begin{bmatrix} \boldsymbol{B}D_1(\boldsymbol{A}) \\ \vdots \\ \boldsymbol{B}D_{I_1}(\boldsymbol{A}) \end{bmatrix} \boldsymbol{C}^{\mathrm{T}} = (\boldsymbol{A} \odot \boldsymbol{B})\boldsymbol{C}^{\mathrm{T}} \tag{2-18}$$

$$\boldsymbol{X}_3 = \begin{bmatrix} \boldsymbol{X}_{.1.} \\ \vdots \\ \boldsymbol{X}_{.I_2.} \end{bmatrix} = \begin{bmatrix} \boldsymbol{C}D_1(\boldsymbol{B}) \\ \vdots \\ \boldsymbol{C}D_{I_2}(\boldsymbol{B}) \end{bmatrix} \boldsymbol{A}^{\mathrm{T}} = (\boldsymbol{B} \odot \boldsymbol{C})\boldsymbol{A}^{\mathrm{T}} \tag{2-19}$$

张量分解的独特之处在于其固有的分解唯一性[10-11]，下面将首先介绍 PARAFAC 模型的分解唯一性。

PARAFAC 模型的分解唯一性[12-13]：在存在尺度模糊和列模糊的情况下，根据三阶张量$\mathcal{X}$，可唯一获得加载矩阵 $\boldsymbol{A}$、$\boldsymbol{B}$ 和 $\boldsymbol{C}$。PARAFAC 模型分解的唯一性定理可以由该模型水平切面的第 i_1 个子剖面给出：根据 $\boldsymbol{X}_{i_1..} = \boldsymbol{B}D_{i_1}(\boldsymbol{A})\boldsymbol{C}^{\mathrm{T}}$ ($i_1 = 1, \cdots, I_1$)，其中 $\boldsymbol{A} \in \mathbf{C}^{I_1 \times R}$，$\boldsymbol{B} \in \mathbf{C}^{I_2 \times R}$和 $\boldsymbol{C} \in \mathbf{C}^{I_3 \times R}$。若满足

$$k_A + k_B + k_C \geqslant 2R + 2 \tag{2-20}$$

则矩阵 **A**、**B** 和 **C** 在存在列模糊和尺度模糊的条件下是唯一的，这意味着任意一组矩阵 $\overline{\boldsymbol{A}}$、$\overline{\boldsymbol{B}}$ 和 $\overline{\boldsymbol{C}}$ 满足 $\boldsymbol{X}_{i_1\cdot\cdot} = \overline{\boldsymbol{B}}D_{i_1}(\overline{\boldsymbol{A}})\overline{\boldsymbol{C}}^{\mathrm{T}}(i_1=1, \cdots, I_1)$。矩阵组 **A**、**B**、**C** 与 $\overline{\boldsymbol{A}}$、$\overline{\boldsymbol{B}}$、$\overline{\boldsymbol{C}}$ 存在如下对应关系：

$$\overline{\boldsymbol{A}} = \boldsymbol{A\Pi\Delta}_1, \ \overline{\boldsymbol{B}} = \boldsymbol{B\Pi\Delta}_2, \ \overline{\boldsymbol{C}} = \boldsymbol{C\Pi\Delta}_3 \tag{2-21}$$

其中，$\boldsymbol{\Pi}$ 为排列矩阵，$\boldsymbol{\Delta}_1$、$\boldsymbol{\Delta}_2$ 和 $\boldsymbol{\Delta}_3$ 为对角尺度矩阵，且 $\boldsymbol{\Delta}_1\boldsymbol{\Delta}_2\boldsymbol{\Delta}_3 = I_R$。

若矩阵组 **A**、**B** 和 **C** 中的元素都是从绝对连续分布中独立提取出来的，则式(2-21)可以改写为

$$\min(I_1, R) + \min(I_2, R) + \min(I_3, R) \geqslant 2R + 2 \tag{2-22}$$

2.2.2 TUCKER3/TUCKER2 模型及其唯一性

TUCKER3 分解是 L. R. Tucker 在 20 世纪 60 年代提出的[14]，它可以看作是双线性因子分析在三阶张量上的推广，它将一个张量分解成一个核张量与每一维矩阵的乘积。TUCKER3 分解是三阶张量的高阶 Singular Value 分解(HOSVD)的常用名称[15]。TUCKER3 分解是普遍的，它包含了大多数的三阶张量分解。

张量 $\mathcal{X} \in \mathbf{C}^{I_1 \times I_2 \times I_3}$ 的 TUCKER3 分解写成标量形式为

$$x_{i_1, i_2, i_3} = \sum_{p=1}^{P}\sum_{q=1}^{Q}\sum_{r=1}^{R} a_{i_1, p} b_{i_2, q} c_{i_3, r} g_{p, q, r} \tag{2-23}$$

其中，$a_{i_1, p} = [\boldsymbol{A}]_{i_1, p}$，$b_{i_2, q} = [\boldsymbol{B}]_{i_2, q}$ 和 $c_{i_3, r} = [\boldsymbol{C}]_{i_3, r}$ 分别表示加载矩阵 $\boldsymbol{A} \in \mathbf{C}^{I_1 \times P}$，$\boldsymbol{B} \in \mathbf{C}^{I_2 \times Q}$ 和 $\boldsymbol{C} \in \mathbf{C}^{I_3 \times R}$ 的元素。$g_{p, q, r}$ 表示核心张量 $\mathcal{G} \in \mathbf{C}^{P \times Q \times R}$ 的标量。图 2.4 所示为 TUCKER3 模型分解示意图。

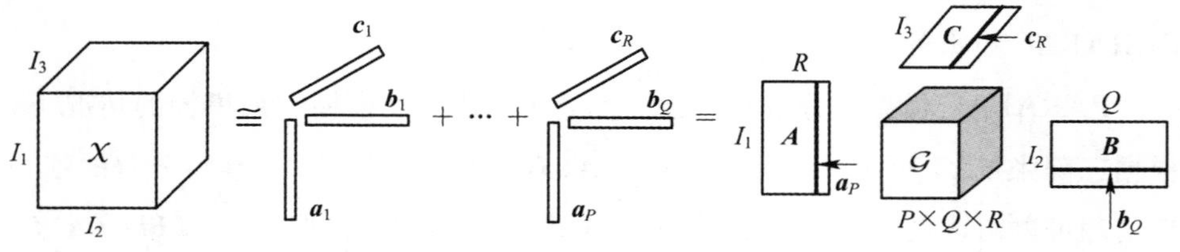

图 2.4 TUCKER3 模型分解示意图

由式(2－23)可见，一个 TUCKER3 分解的张量等于 PQR 外积的一个线性组合(或加权和)，其中每个外积项的系数(或权重因子)是核心张量对应的标量分量[16]。我们称 P 为张量$\mathcal{X}$的第一阶模态的因子数。类似地，Q 和 R 表示$\mathcal{X}$的第二模态和第三模态的因子数[17]。TUCKER3 分解可以被称为张量分解，它允许张量的三个模态的因子之间相互作用[18]。TUCKER3 分解也可以通过定义式(2－12)中的模 n 积来表示。

$$\mathcal{X} = \mathcal{G} \times_1 \boldsymbol{A} \times_2 \boldsymbol{B} \times_3 \boldsymbol{C} \tag{2-24}$$

除了上述方式外，还可以用矩阵“切片”的形式来表示 TUCKER3 分解。每个矩阵切片是通过固定给定模式的一个指标和改变其他两个模式的两个指标得到的。对于一个三阶张量，有三个可能的切片方向，$\boldsymbol{X}_{i_1..} \in \mathbf{C}^{I_2 \times I_3}$ 为第 i_1 个水平切面，$\boldsymbol{X}_{.i_2.} \in \mathbf{C}^{I_3 \times I_1}$ 为第 i_2 个侧向切面，$\boldsymbol{X}_{i_3..} \in \mathbf{C}^{I_1 \times I_2}$ 为第 i_3 个正面切面。为了得到 TUCKER3 分解的矩阵切片表示法，将式(2－24)改写为

$$\begin{aligned} x_{i_1, i_2, i_3} &= \sum_{q=1}^{Q} \sum_{r=1}^{R} b_{i_2, q} c_{i_3, r} \left(\sum_{p=1}^{P} a_{i_1, p} g_{p, q, r} \right) \\ &= \sum_{p=1}^{P} \sum_{r=1}^{R} a_{i_1, p} c_{i_3, r} \left(\sum_{q=1}^{Q} b_{i_2, q} g_{p, q, r} \right) \\ &= \sum_{p=1}^{P} \sum_{q=1}^{Q} a_{i_1, p} b_{i_2, q} \left(\sum_{r=1}^{R} c_{i_3, r} g_{p, q, r} \right) \end{aligned} \tag{2-25}$$

并且令

$$\begin{aligned} u_{i_1, q, r}^{(1)} &= \sum_{p=1}^{P} a_{i_1, p} g_{p, q, r} = [\mathcal{G} \times_1 \boldsymbol{A}]_{i_1, q, r}, \ u_{p, i_2, r}^{(2)} \\ &= \sum_{q=1}^{Q} b_{i_2, q} g_{p, q, r} = [\mathcal{G} \times_2 \boldsymbol{B}]_{p, i_2, r}, \ u_{p, q, i_3}^{(3)} \\ &= \sum_{r=1}^{R} c_{i_3, r} g_{p, q, r} = [\mathcal{G} \times_3 \boldsymbol{C}]_{p, q, i_3} \end{aligned} \tag{2-26}$$

可以得到

$$\boldsymbol{X}_{i_1..} = \boldsymbol{B}\boldsymbol{U}_{i_1}^{(1)} \boldsymbol{C}^{\mathrm{T}}, \ i_1 = 1, \cdots, I_1 \tag{2-27}$$

$$\boldsymbol{X}_{.i_2.} = \boldsymbol{C}\boldsymbol{U}_{i_2}^{(2)} \boldsymbol{A}^{\mathrm{T}}, \ i_2 = 1, \cdots, I_2 \tag{2-28}$$

$$\boldsymbol{X}_{.i_3.} = \boldsymbol{A}\boldsymbol{U}_{i_3}^{(3)} \boldsymbol{B}^{\mathrm{T}}, \ i_3 = 1, \cdots, I_3 \tag{2-29}$$

其中，$\boldsymbol{U}_{i_1}^{(1)}$、$\boldsymbol{U}_{i_2}^{(2)}$、$\boldsymbol{U}_{i_3}^{(3)}$ 分别是核张量 $\mathcal{U}^{(1)} \in \mathbf{C}^{I_1 \times Q \times R}$、$\mathcal{U}^{(2)} \in \mathbf{C}^{P \times I_2 \times R}$、$\mathcal{U}^{(3)} \in \mathbf{C}^{P \times Q \times I_3}$ 的第 i_1、i_2、i_3 个矩阵切片。将式(2－27)～式(2－29)堆叠，张量的三

个矩阵展开式可表示为

$$\boldsymbol{X}_1=\begin{bmatrix}\boldsymbol{X}_{..1}\\ \vdots \\ \boldsymbol{X}_{..I_3}\end{bmatrix}=(\boldsymbol{C}\otimes\boldsymbol{A})\boldsymbol{G}_1\boldsymbol{B}^{\mathrm{T}},$$

$$\boldsymbol{X}_2=\begin{bmatrix}\boldsymbol{X}_{1..}\\ \vdots \\ \boldsymbol{X}_{I_1..}\end{bmatrix}=(\boldsymbol{A}\otimes\boldsymbol{B})G_2\mathbf{C}^{\mathrm{T}},$$

$$\boldsymbol{X}_3=\begin{bmatrix}X_{.1.}\\ \vdots \\ \boldsymbol{X}_{.I_3.}\end{bmatrix}=(\boldsymbol{B}\otimes\boldsymbol{C})G_3\boldsymbol{A}^{\mathrm{T}} \tag{2-30}$$

其中，$\boldsymbol{X}_1\in\mathbf{C}^{I_3I_1\times I_2}$，$\boldsymbol{X}_2\in\mathbf{C}^{I_1I_2\times I_3}$和$\boldsymbol{X}_3\in\mathbf{C}^{I_2I_3\times I_1}$都包含了张量$\mathcal{X}$中的所有元素，只是相同信息的不同排列。$\boldsymbol{G}_1\in\mathbf{C}^{RP\times Q}$，$\boldsymbol{G}_2\in\mathbf{C}^{PQ\times R}$和$\boldsymbol{G}_3\in\mathbf{C}^{QR\times P}$分别表示张量$\mathcal{G}$的矩阵展开形式，即

$$\boldsymbol{G}_1=\begin{bmatrix}\boldsymbol{G}_{..1}\\ \vdots \\ \boldsymbol{G}_{..R}\end{bmatrix},\quad \boldsymbol{G}_2=\begin{bmatrix}\boldsymbol{G}_{1..}\\ \vdots \\ \boldsymbol{G}_{P..}\end{bmatrix},\quad \boldsymbol{G}_3=\begin{bmatrix}\boldsymbol{G}_{.1.}\\ \vdots \\ \boldsymbol{G}_{.Q.}\end{bmatrix} \tag{2-31}$$

将 TUCKER3 分解写成标量形式，式(2－25)可重写为

$$\begin{aligned}x_{i_1,i_2,i_3}&=\sum_{p=1}^{P}\sum_{q=1}^{Q}a_{i_1,p}b^{i_2,q}\Big(\sum_{r=1}^{R}c_{i_3,r}g_{p,q,r}\Big)\\&=\sum_{p=1}^{P}\sum_{q=1}^{Q}a_{i_1,p}b_{i_2,q}h_{p,q,i_3}\end{aligned} \tag{2-32}$$

其中，$h_{p,q,r_3}=\sum_{r=1}^{R}c_{i_3,r}g_{p,q,r}=[\mathcal{G}\times_3 C]_{p,q,i_3}$。式(2－32)是一个等价的 TUCKER2 分解的标量表示[19]。

TUCKER2 分解比 TUCKER3 分解更简单，因为外部积项的数量已经减少到 PQ 个。当 TUCKER3 分解中的一个因子矩阵为单位矩阵时，将转变为 TUCKER2 分解。TUCKER2 分解如图 2.5 所示。

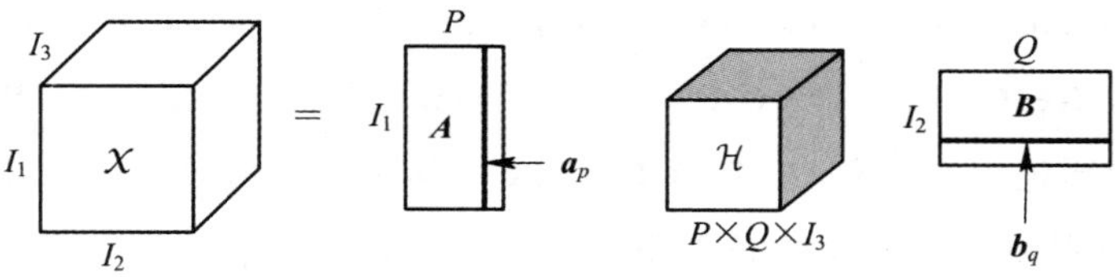

图 2.5　TUCKER2 分解示意图

2.2.3 PARATUCK2 分解及其唯一性

考虑一个三阶张量，它的 PARATUCK2 模型可表示为如下标量形式：

$$x_{i_1,i_2,i_3} = \sum_{r_1=1}^{R_1}\sum_{r_2=1}^{R_2} a_{i_1,r_1} b_{i_2,r_2} g_{r_1,r_2} c^{(1)}_{i_3,r_1} c^{(2)}_{i_3,r_2} \tag{2-33}$$

其中，$i_1=1,\cdots,I_1$，$i_2=1,\cdots,I_2$ 和 $i_3=1,\cdots,I_3$ 为三阶张量 x_{i_1,i_2,i_3} 中的元素，a_{i_1,r_1}、b_{i_2,r_2}、g_{r_1,r_2}、$c^{(1)}_{i_3,r_1}$ 和 $c^{(2)}_{i_3,r_2}$ 分别为二维矩阵 $\boldsymbol{A}\in\mathbf{C}^{I_1\times R_1}$、$\boldsymbol{B}\in\mathbf{C}^{I_2\times R_2}$、$\boldsymbol{G}\in\mathbf{C}^{R_1\times R_2}$、$\boldsymbol{C}^{(1)}\in\mathbf{C}^{I_3\times R_1}$ 和 $\boldsymbol{C}^{(2)}\in\mathbf{C}^{I_3\times R_2}$ 中的元素。矩阵 $\boldsymbol{A}$ 和 $\boldsymbol{B}$ 称为 PARATUCK2模型的矩阵因子，矩阵 $\boldsymbol{G}$ 称为 PARATUCK2 模型的核心矩阵。式(2-33)可转化为如下形式：

$$\begin{aligned} x_{i_1,i_2,i_3} &= \sum_{r_1=1}^{R_1}\Big(\sum_{r_2=1}^{R_2} a_{i_1,r_1} c^{(1)}_{i_3,r_1} g_{r_1,r_2}\Big) c^{(2)}_{i_3,r_2} b_{i_2,r_2} \\ &= \boldsymbol{A}(i_1,:)D_{i_3}(\boldsymbol{C}^{(1)})\boldsymbol{G}D_{i_3}(\boldsymbol{C}^{(2)})(\boldsymbol{B}(i_2,:))^{\mathrm{T}} \end{aligned} \tag{2-34}$$

其中，$\boldsymbol{A}(i_1,:)$和 $\boldsymbol{B}(i_2,:)$分别表示 $\boldsymbol{A}$ 和 $\boldsymbol{B}$ 中的第 i_1 行和第 i_2 行。定义矩阵剖面 $\boldsymbol{X}^{(3)}_{i_3}(i_3=1,\cdots,I_3)$，其中 $\boldsymbol{A}\in\mathbf{C}^{I_1\times R_1}$ 是由$\mathcal{X}$的第三维度截取剖面获得的，即 $\boldsymbol{X}^{(3)}_{i_3}(i_1,i_2)=x_{i_1,i_2,i_3}$，固定式(2-30)中的参数 i_3，可得矩阵剖面 $\boldsymbol{X}^{(3)}_{i_3}$ 的表达式

$$\boldsymbol{X}^{(3)}_{i_3} = \boldsymbol{A}D_{i_3}(\boldsymbol{C}^{(1)})\boldsymbol{G}D_{i_3}(\boldsymbol{C}^{(2)})\boldsymbol{B}^{\mathrm{T}},\quad i_3=1,\cdots,I_3 \tag{2-35}$$

在实际通信系统中，通常通过构造如式(2-35)所示的形式来分析和处理信号。PARATUCK2 模型具有比 PARAFAC 模型更复杂的分解唯一性。所以，在讨论 PARATUCK2 模型的唯一性问题时，一般在某些限定的条件下讨论。

PARATUCK2 模型的分解唯一性[20]：给定 PARATUCK2 模型的 I_3 个子剖面 $\boldsymbol{X}_{i_3}^{(3)}=\boldsymbol{A}D_{i_3}(\boldsymbol{C}^{(1)})\boldsymbol{G}D_{i_3}(\boldsymbol{C}^{(2)})\boldsymbol{B}^{\mathrm{T}}$，其中 $i_3=1,\cdots,I_3$，$\boldsymbol{A}\in\mathbf{C}^{I_1\times R_1}$，$\boldsymbol{B}\in\mathbf{C}^{I_2\times R_2}$，$\boldsymbol{G}\in\mathbf{C}^{R_1\times R_2}$，$\boldsymbol{C}^{(1)}\in\mathbf{C}^{I_3\times R_1}$，$\boldsymbol{C}^{(2)}\in\mathbf{C}^{I_3\times R_2}$。若满足①$\boldsymbol{A}$、$\boldsymbol{B}$ 和 $\boldsymbol{G}$ 满列秩，②$\boldsymbol{G}$ 中不包含 0 元素，③矩阵 $\boldsymbol{C}^{(1)}$ 和 $\boldsymbol{C}^{(2)}$ 具有相同的列数目，则 $\boldsymbol{A}$、$\boldsymbol{B}$ 和 $\boldsymbol{G}$ 在存在列模糊和尺度模糊的条件下是唯一的，即存在任意另一组矩阵 $\overline{\boldsymbol{A}}$、$\overline{\boldsymbol{B}}$、$\overline{\boldsymbol{G}}$、$\overline{\boldsymbol{C}}^{(1)}$ 和 $\overline{\boldsymbol{C}}^{(2)}$ 满足 $\boldsymbol{X}_{i_3}^{(3)}=\overline{\boldsymbol{A}}D_{i_3}(\overline{\boldsymbol{C}}^{(1)})\overline{\boldsymbol{G}}D_{i_3}(\overline{\boldsymbol{C}}^{(2)})\overline{\boldsymbol{B}}^{\mathrm{T}}$。矩阵组 $\overline{\boldsymbol{A}}$、$\overline{\boldsymbol{B}}$、$\overline{\boldsymbol{G}}$、$\overline{\boldsymbol{C}}^{(1)}$ 和 $\overline{\boldsymbol{C}}^{(2)}$ 与矩阵组 $\boldsymbol{A}$、$\boldsymbol{B}$、$\boldsymbol{G}$、$\boldsymbol{C}^{(1)}$ 和 $\boldsymbol{C}^{(2)}$ 存在如下对应关系式：

$$\begin{aligned}\overline{\boldsymbol{A}}(\boldsymbol{\Pi}_1\boldsymbol{\Delta}_A)&=\boldsymbol{A}\\ \overline{\boldsymbol{B}}(\boldsymbol{\Pi}_2\boldsymbol{\Delta}_B)&=\boldsymbol{B}\end{aligned}\tag{2-36}$$

$$\boldsymbol{\Delta}_{C^{(1)}}\boldsymbol{\Delta}_A^{-1}\boldsymbol{\Pi}_1^{\mathrm{T}}\overline{\boldsymbol{G}}\boldsymbol{\Pi}_2\boldsymbol{\Delta}_B^{-1}\boldsymbol{\Delta}_{C^{(2)}}=\boldsymbol{G}\tag{2-37}$$

$$\begin{aligned}(z_{i_3}^{-1}\boldsymbol{\Pi}_1^{\mathrm{T}})D_{i_3}(\overline{\boldsymbol{C}}^{(1)})(\boldsymbol{\Pi}_1\boldsymbol{\Delta}_{C^{(1)}}^{-1})&=D_{i_3}(\boldsymbol{C}^{(1)})\\ (z_{i_3}^{-1}\boldsymbol{\Pi}_2^{\mathrm{T}})D_{i_3}(\overline{\boldsymbol{C}}^{(2)})(\boldsymbol{\Pi}_2\boldsymbol{\Delta}_{C^{(2)}}^{-1})&=D_{i_3}(\boldsymbol{C}^{(2)})\end{aligned}\tag{2-38}$$

其中，$\boldsymbol{\Pi}_1$ 和 $\boldsymbol{\Pi}_2$ 为排列矩阵，$\boldsymbol{\Delta}_A$、$\boldsymbol{\Delta}_B$、$\boldsymbol{\Delta}_{C^{(1)}}$ 和 $\boldsymbol{\Delta}_{C^{(2)}}$ 为对角尺度矩阵，z_{i_3} 为非零标量。

2.3 本章小结

本章主要介绍了本书常用的数学概念和张量模型。首先介绍了张量纤维与切片的关系，回顾了矩阵中常用的概念，如 Kronecker 积、Khatri-Rao 积、外积、向量化等，详细介绍了张量运算的相关法则，如张量求和、乘积、模 n 乘积等。其次介绍了张量的分解唯一性，介绍了常见的张量模型。张量的这些概念和定理是后面章节的基础，故在此简述以作铺垫。

本章参考文献

[1] YOKOTA T, EREM B, GULER S. Missing slice recovery for tensors using a low-rank model in embedded space. Proceedings of the IEEE Conference on Computer Vision and Pattern Recognition. Salt Lakecity, USA, 2018.

[2] BAUER J K, BÖHLKE T. Variety of fiber orientation tensors. Mathematics and Mechanics of Solids, 2022, 27(7): 1185 - 1211.

[3] KILMER M E, MARTIN C D. Factorization strategies for third-order tensors. Linear Algebra and its Applications, 2011, 435(3): 641 - 658.

[4] BREWER J W. Kronecker products and matrix calculus in system theory. IEEE Transactions on Circuits and Systems, 1978, 25(9): 772 - 781

[5] LIU S, TRENKLER O. Hadamard, Khatri-Rao, Kronecker and other matrix products. International Journal of Information and Systems Sciences, 2008, 4(1): 160 - 177.

[6] DHRYMES P J. Mathematics for Econometrics, New York: Springer New York Heidelberg Dordrecht London, 2000: 117 - 145.

[7] CHEN C Y, CHANG C C. A fast modular multiplication algorithm for calculating the product AB modulo N. Information Processing Letters. 1999, 72(3/4): 77 - 81.

[8] HARSHMAN R A, LUNDY M E. PARAFAC: Parallel factor analysis. Computational Statistics & Data Analysis. 1994, 18 (1):

39－72.

[9] DOMANOV I, LATHAUWER L D. On uniqueness and computation of the decomposition of a tensor into multilinear rank-(1, L_r, L_r) terms. SIAM Journal on Matrix Analysis and Applications, 2020, 41(2): 747－803.

[10] BANDELT H J, DRESS A W M. A canonical decomposition theory for metrics on a finite set. Advances in Mathematics. 1992, 92(1): 47－105.

[11] BERGE J M F T. Partial uniqueness in CANDECOMP/PARAFAC. Journal of Chemometrics: A Journal of the Chemometrics Society, 2004, 18(1): 12－16.

[12] BHASKARA A, CHARIKAR M, VIJAYARAGHAVAN A. Uniqueness of tensor decompositions with applications to polynomial identifiability. Journal of Machine Learning Research, 2013(35): 742－778.

[13] BERGE J M F T, SIDIROPOULOS N D. On uniqueness in CANDECOMP/PARAFAC. Psychometrika, 2002, 67(3): 399－409.

[14] TENDEIRO J N, BERGE J M F T, KIERS H A L. Simplicity transformations for three-way arrays with symmetric slices, and applications to TUCKER3 models with sparse core arrays. Linear Algebra and its Applications, 2009, 430(4): 924－940.

[15] ZENG C, NG M K. Decompositions of third-order tensors: HOSVD, T-SVD, and Beyond. Numerical Linear Algebra with Applications, 2020, 27(3): e2290.

[16] HAO N, KILMER M E, BRAMAN K. Facial recognition using tensor-tensor decompositions. SIAM Journal on Imaging Sciences,

2013, 6(1): 437 - 463.

[17] TUCKER L R. Some mathematical notes on three-mode factor analysis. Psychometrika, 1966, 31(3): 279 - 311.

[18] LEVIN J. Three-mode factor analysis. Psychological Bulletin, 1965, 64(6): 442.

[19] MARKOPOULOS P P, CHACHLAKIS D G, PAPALEXAKIS E E. The exact solution to rank-1 L1-norm Tucker2 decomposition. IEEE Signal Processing Letters, 2017, 25(4): 511 - 515.

[20] BERGE J M F T, KIERS H A L. Some uniqueness results for PARAFAC2. Psychometrika, 1996, 61(1): 123 - 132.

第3章 MIMO通信系统基于张量的接收机设计

3.1 CCFD中继系统中基于张量的自干扰消除信道估计方法

在现代无线通信系统中，协同分集技术已经成为高速传输的重要解决方案。与传统的点对点通信系统相比，该技术能够提高系统容量，扩大信号覆盖范围。其中，放大转发(Amplify and Forward，AF)中继方案由于执行简单、无须解码等优点而被广泛应用[1-2]。CCFD通信系统允许无线设备在相同时间、相同频率下同时发射和接收无线信号。当中继系统与CCFD技术结合时，能充分利用空间分集，进一步提高系统性能。理论上，CCFD将无线链路的频谱效率提高了一倍，并且可以减少端到端时延和信令开销，已成为5G技术的研究热点[3]。应用中，由于发送的信号和接收的信号可以同时在相同频率下被检测到，接收端产生严重的自干扰，这将增加系统信号检测的难度，因此，在接收信号之前需要有效削弱自干扰，提高系统性能，获得准确可靠的CSI。

文献[4]在MIMO中继系统中提出了TST信道估计方法，该方法第二跳信道矩阵的估计结果受第一跳估计结果的影响，存在累积误差。文献[5]在双向中继系统中提出了两种信道估计算法，但并未考虑CCFD双工通信带来的干扰和对估计性能的影响。文献[6]在MIMO中继系统中，提出了一种非迭代

P-KRF (PARAFAC with Khatri-Rao Factorization)信道估计方法，该方法降低了计算复杂度，具有良好的信道估计性能。

本节主要介绍一种基于张量的自干扰消除信道估计方法(Tensor-Based Self-Interference Cancellation Channel Estimation Method，TBSIC)，利用张量的低秩分解求解 CSI，降低了自干扰对 CCFD 系统的影响。该算法无须迭代，适用于更灵活的天线配置。通过仿真验证了算法的有效性，并与最小二乘(Least Square，LS)、TST 和非迭代 P-KRF 信道估计方法进行了对比。

3.1.1 系统模型

1. 全双工模型

在图 3.1 所示的 AF 双向 CCFD 中继系统中，用户 1 和用户 2 分别配置 M_1 和 M_2 根天线，R 个中继分别配有 N_1，N_2，…，N_R 根天线，设两用户在中继两侧对称分布，中继天线数量 $M_R = N_1 + N_2 + \cdots + N_R$。

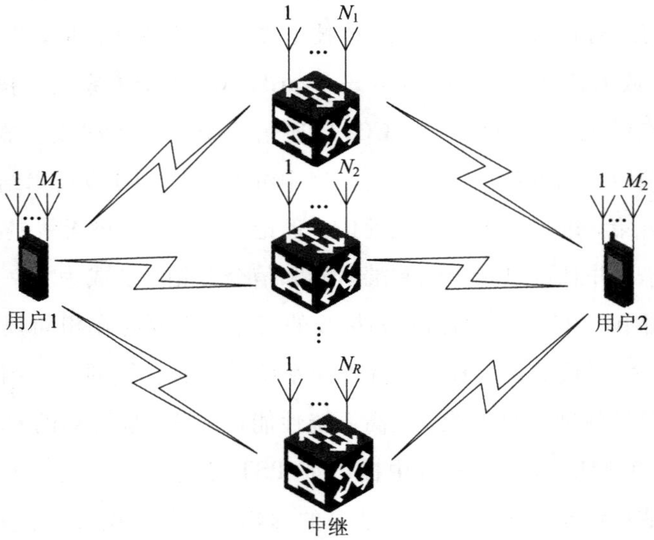

图 3.1 AF 双向 CCFD 中继系统模型框图

用户间通过中继传递信息，整个传输过程可分为两个阶段：第一阶段，用户 1 和用户 2 将信号发送给中继；第二阶段，中继对接收的信号进行自干扰消除，然后放大转发至两用户，并同时接收来自用户 1 和用户 2 的信号。

2. 数据模型

用户 $I(I=1, 2)$发送的信号为 $\boldsymbol{x}_I \in \mathbf{C}^{M_I \times 1}$；用户 I 与中继之间的信道矩阵为 $\boldsymbol{H}_{IR} \in \mathbf{C}^{M_R \times M_I}$，$\boldsymbol{H}_{RI} \in \mathbf{C}^{M_I \times M_R}$ 表示反向信道矩阵；假设信道具有互易性[7]，即 $\boldsymbol{H}_{RI}=(\boldsymbol{H}_{IR})^{\mathrm{T}}$。用户 I 端自干扰信道矩阵为 $\boldsymbol{H}_{II} \in \mathbf{C}^{M_I \times M_I}$，中继到中继环路的自干扰信道矩阵为 $\boldsymbol{H}_{RR} \in \mathbf{C}^{M_R \times M_R}$；中继与用户 I 接收的噪声分别为 $\boldsymbol{n}_R \in \mathbf{C}^{M_R \times 1}$、$\boldsymbol{n}_{RI} \in \mathbf{C}^{M_I \times 1}$。中继接收的信号为 $\boldsymbol{r} \in \mathbf{C}^{M_R \times 1}$，中继的放大矩阵为 $\boldsymbol{G} \in \mathbf{C}^{M_R \times M_R}$，转发的信号为 $\boldsymbol{x}_R \in \mathbf{C}^{M_R \times 1}$。用户 I 接收到的信号为 $\boldsymbol{y}_I \in \mathbf{C}^{M_I \times 1}$。

第一阶段 t 时刻时，中继接收到的信号可表示为

$$\boldsymbol{r}(t)=\boldsymbol{H}_{1R}\boldsymbol{x}_1(t)+\boldsymbol{H}_{2R}\boldsymbol{x}_2(t)+\boldsymbol{H}_{RR}\boldsymbol{x}_R(t)+\boldsymbol{n}_R(t) \tag{3-1}$$

中继节点首先进行自干扰消除。中继节点处信号处理时延为 τ，则中继转发信号为

$$\boldsymbol{x}_R(t)=\boldsymbol{G}\boldsymbol{r}(t-\tau) \tag{3-2}$$

满足自干扰抑制条件 $\boldsymbol{G}\boldsymbol{H}_{RR}\boldsymbol{G}=0$ 时[8]，式(3-2)可以写为

$$\boldsymbol{x}_R(t)=\boldsymbol{G}(\boldsymbol{H}_{1R}\boldsymbol{x}_1(t-\tau)+\boldsymbol{H}_{2R}\boldsymbol{x}_2(t-\tau)+\boldsymbol{n}_R(t-\tau)) \tag{3-3}$$

接下来，用户端开展自干扰消除。第二阶段，两用户接收的信号表示为

$$\boldsymbol{y}_1(t)=\boldsymbol{H}_{R1}\boldsymbol{x}_R(t)+\boldsymbol{H}_{11}\boldsymbol{x}_1(t)+\boldsymbol{n}_{R1}(t) \tag{3-4}$$

$$\boldsymbol{y}_2(t)=\boldsymbol{H}_{R2}\boldsymbol{x}_R(t)+\boldsymbol{H}_{22}\boldsymbol{x}_2(t)+\boldsymbol{n}_{R2}(t) \tag{3-5}$$

目的节点的自干扰可通过外部物理电路消除，消除幅度可达 20～30 dB[9]，如图 3.2 所示。经过自干扰处理后，用户端接收到的信号可化简为

$$\boldsymbol{y}_1(t)=\boldsymbol{H}_{R1}\boldsymbol{x}_R(t)+\boldsymbol{n}_{R1}(t) \tag{3-6}$$

$$\boldsymbol{y}_2(t)=\boldsymbol{H}_{R2}\boldsymbol{x}_R(t)+\boldsymbol{n}_{R2}(t) \tag{3-7}$$

根据式(3-3)、式(3-6)和式(3-7)，可得

$$\boldsymbol{y}_1=\boldsymbol{H}_{R1}\boldsymbol{G}\boldsymbol{H}_{1R}\boldsymbol{x}_1+\boldsymbol{H}_{R1}\boldsymbol{G}\boldsymbol{H}_{2R}\boldsymbol{x}_2+\boldsymbol{H}_{R1}\boldsymbol{G}\boldsymbol{n}_1+\boldsymbol{n}_{R1} \tag{3-8}$$

$$\boldsymbol{y}_2=\boldsymbol{H}_{R2}\boldsymbol{G}\boldsymbol{H}_{1R}\boldsymbol{x}_1+\boldsymbol{H}_{R2}\boldsymbol{G}\boldsymbol{H}_{2R}\boldsymbol{x}_2+\boldsymbol{H}_{R2}\boldsymbol{G}\boldsymbol{n}_2+\boldsymbol{n}_{R2} \tag{3-9}$$

其中，$\tilde{\boldsymbol{n}}=\boldsymbol{H}_{RI}\boldsymbol{G}\boldsymbol{n}+\boldsymbol{n}_{RI}$，$I=1, 2$。

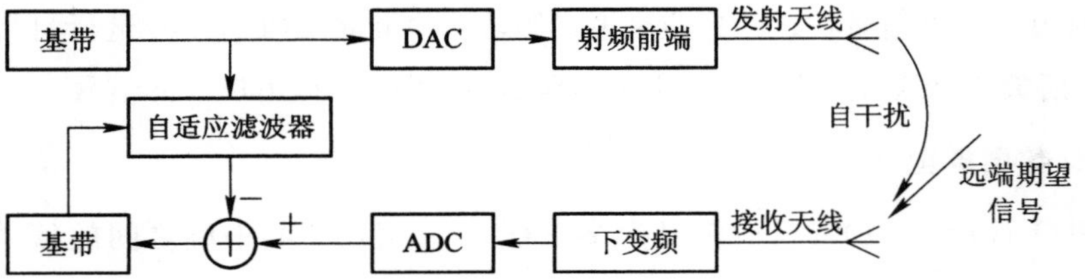

图 3.2　基于自适应滤波器消除自干扰示意图

3. 张量建模

三维张量 PARAFAC 分解展开式[10]可以写为以下三种形式：

$$[\mathcal{I}_{3,s}\times_1\boldsymbol{A}\times_2\boldsymbol{B}\times_3\boldsymbol{C}]_{(1)}=\boldsymbol{A}(\boldsymbol{B}\odot\boldsymbol{C})\tag{3-10}$$

$$[\mathcal{I}_{3,s}\times_1\boldsymbol{A}\times_2\boldsymbol{B}\times_3\boldsymbol{C}]_{(2)}=\boldsymbol{B}(\boldsymbol{C}\odot\boldsymbol{A})^{\mathrm{T}}\tag{3-11}$$

$$[\mathcal{I}_{3,s}\times_1\boldsymbol{A}\times_2\boldsymbol{B}\times_3\boldsymbol{C}]_{(3)}=\boldsymbol{C}(\boldsymbol{A}\odot\boldsymbol{B})^{\mathrm{T}}\tag{3-12}$$

其中，$\mathcal{I}_{3,s}$表示维度为 $S\times S\times S$ 的三阶张量，$\boldsymbol{A}\in\mathbf{C}^{P\times S}$，$\boldsymbol{B}\in\mathbf{C}^{Q\times S}$，$\boldsymbol{C}\in\mathbf{C}^{R\times S}$。

为了获得准确的 CSI，两用户分别发送导频序列 $\boldsymbol{x}_{1,j}$、$\boldsymbol{x}_{2,j}$($j=1, 2, \cdots, N_p$)，并做以下定义[11]：

$$\boldsymbol{H}\approx[\boldsymbol{H}_{1R}, \boldsymbol{H}_{2R}]\in\mathbf{C}^{M_R\times(M_1+M_2)}\tag{3-13}$$

$$\boldsymbol{X}\approx\begin{bmatrix}\boldsymbol{X}_1\\ \boldsymbol{X}_1\end{bmatrix}\approx\begin{bmatrix}\boldsymbol{X}_{1,1},\cdots,\boldsymbol{X}_{1,N_p}\\ \boldsymbol{X}_{2,1},\cdots,X_{1,N_p}\end{bmatrix}\in\mathbf{C}^{(M_1+M_2)\times N_p}\tag{3-14}$$

$$\mathcal{G}\approx\boldsymbol{G}^{(1)}\amalg_3\boldsymbol{G}^{(2)}\amalg_3\cdots\amalg\boldsymbol{G}^{(M_R)}\tag{3-15}$$

其中，三阶张量$\mathcal{G}$的秩为 M_R，$\boldsymbol{G}^{(m)}$表示中继处第 m 根天线的放大矩阵($m=1, 2, \cdots, M_R$)，$\amalg_3$表示多个矩阵沿第 3 模式排列[12-13]。根据式(3-13)～式(3-15)，式(3-8)、式(3-9)可表示为

$$\mathcal{Y}_1=\mathcal{G}\times_1\boldsymbol{H}_{R1}\times_2(\boldsymbol{H}\boldsymbol{X})^{\mathrm{T}}+\mathcal{N}_1\in\mathbf{C}^{M_1\times N_P\times M_R}\tag{3-16}$$

$$\mathcal{Y}_2=\mathcal{G}\times_1\boldsymbol{H}_{R2}\times_2(\boldsymbol{H}\boldsymbol{X})^{\mathrm{T}}+\mathcal{N}_2\in\mathbf{C}^{M_2\times N_P\times M_R}\tag{3-17}$$

图 3.3 展示了式(3-16)、式(3-17)的结构。值得注意的是，式(3-16)的结构类似于 TUCKER2 的分解，其与 TUCKER2 不同的是，核心张量$\mathcal{G}$是已知的。同时，由于第 2 模的因子矩阵包括 $\boldsymbol{H}_{1R}$和 $\boldsymbol{H}_{2R}$，所以在因子中存在一定的

对称性。该张量分解涉及已知的导频矩阵 $\boldsymbol{X}$。利用这些特性可以有效地解决信道估计问题。为了便于分析，先忽略噪声 $\mathcal{N}_1$、$\mathcal{N}_2$，以用户 1 的接收信号为例，求解 $\hat{\boldsymbol{H}}_{R1}$ 和 $\hat{\boldsymbol{H}}_{R2}$ 的值。根据文献[14]，三阶张量 $\mathcal{G}$ 可等价表示为以下 n 积形式：

$$\mathcal{G} = \mathcal{I}_{3,M_R} \times_1 \boldsymbol{G}_1 \times_2 \boldsymbol{G}_2 \times_3 \boldsymbol{G}_3 \tag{3-18}$$

其中，$\boldsymbol{G}_1$，$\boldsymbol{G}_2$，$\boldsymbol{G}_3 \in \mathbf{C}^{M_R \times M_R}$ 表示分解的因子矩阵。将式(3-18)代入式(3-16)可以得到

$$\mathcal{Y}_1 = \mathcal{I}_{M_R} \times_1 (\boldsymbol{H}_{R1}\boldsymbol{G}_1) \times_2 (\boldsymbol{X}^{\mathrm{T}}\boldsymbol{H}^{\mathrm{T}}\boldsymbol{G}_2) \times_3 \boldsymbol{G}_3 \tag{3-19}$$

根据式(3-10)～式(3-12)，式(3-19)可写为

$$[\mathcal{Y}_1]_{(3)} = \boldsymbol{G}_3 \left[(\boldsymbol{H}_{R1}\boldsymbol{G}_1) \odot (\boldsymbol{X}^{\mathrm{T}}\boldsymbol{H}^{\mathrm{T}}\boldsymbol{G}_2)\right]^{\mathrm{T}} \tag{3-20}$$

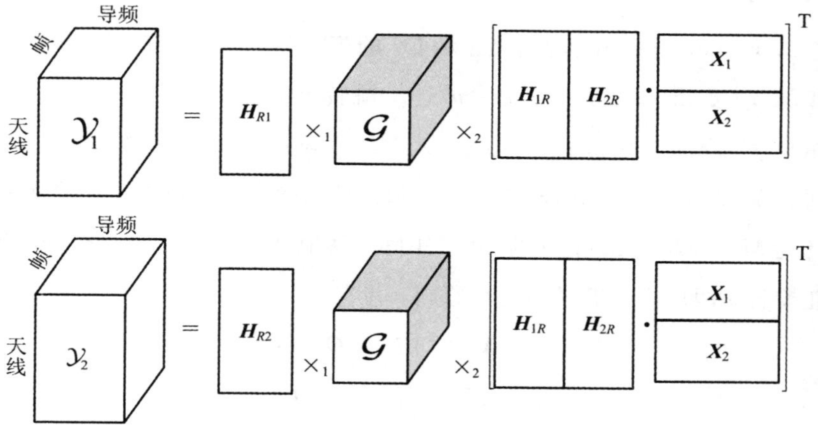

图 3.3　接收张量 $\mathcal{Y}_1$、$\mathcal{Y}_2$ 的结构图

3.1.2　信道估计算法

根据张量模型及其特性，对式(3-20)两边同时左乘 $\boldsymbol{G}_3^{\dagger}$，并进行转置运算，可得

$$(\boldsymbol{G}_3^{\dagger}[\mathcal{Y}_1]_{(3)})^{\mathrm{T}} = (\boldsymbol{H}_{R1}\boldsymbol{G}_1) \odot (\boldsymbol{X}^{\mathrm{T}}\boldsymbol{H}^{\mathrm{T}}\boldsymbol{G}_2) \tag{3-21}$$

为了满足伪逆运算条件，$\boldsymbol{G}_3$ 设计为正交列满秩矩阵。存在矩阵 $\boldsymbol{F}_1 \in \mathbf{C}^{M_1 \times M_R}$ 和 $\boldsymbol{F}_2 \in \mathbf{C}^{N_P \times M_R}$，使式(3-21)满足

$$\boldsymbol{F}_1 = \boldsymbol{H}_{R1}\boldsymbol{G}_1\boldsymbol{\Lambda} \tag{3-22}$$

$$\boldsymbol{F}_2 = \boldsymbol{X}^{\mathrm{T}}\boldsymbol{H}^{\mathrm{T}}\boldsymbol{G}_2\boldsymbol{\Lambda}^{-1} \tag{3-23}$$

其中，$\boldsymbol{\Lambda}=\mathrm{diag}\{\lambda_1, \lambda_1, \ldots, \lambda_{M_R}\}$为尺度模糊矩阵，$\lambda_n$ 是任意复数($n=1, 2, \cdots, M_R$)。在噪声中，式(3-21)近似于 Khatri-Rao 乘积，可根据以下步骤计算 $\boldsymbol{F}_1$、$\boldsymbol{F}_2$ 的估计值：

步骤 1 令式(3-21)左侧等于矩阵 $\boldsymbol{\Gamma}\in\mathbf{C}^{M_1N_P\times M_R}$，即 $\boldsymbol{\Gamma}\approx\boldsymbol{F}_1\odot\boldsymbol{F}_2$。

步骤 2 令 $m=1$。

① $\boldsymbol{\gamma}_m$、$\boldsymbol{f}_{1,m}$、$\boldsymbol{f}_{2,m}$分别为矩阵 $\boldsymbol{\Gamma}$、$\boldsymbol{F}_1$、$\boldsymbol{F}_2$ 的第 m 列，因此 $\boldsymbol{\gamma}_m\approx\boldsymbol{f}_{1,m}\otimes\boldsymbol{f}_{2,m}$。

② 将矢量 $\boldsymbol{\gamma}_m$ 重塑为矩阵$\widetilde{\boldsymbol{\Gamma}}_m\in\mathbf{C}^{N_P\times M_1}$，则有$\widetilde{\boldsymbol{\Gamma}}_m\approx\boldsymbol{f}_{2,m}\boldsymbol{f}_{1,m}{}^{\mathrm{T}}$。

③ 对 $\widetilde{\boldsymbol{\Gamma}}_m$ 进行 SVD 分解，即 $\widetilde{\boldsymbol{\Gamma}}_m=\boldsymbol{U}_m\boldsymbol{\Sigma}_m\boldsymbol{V}_m{}^{\mathrm{H}}$，$\hat{f}_{1,m}=\sqrt{\sigma_1}\boldsymbol{v}_{1,m}^{*}$，$\hat{f}_{2,m}=\sqrt{\sigma_1}\boldsymbol{u}_{1,m}$，$\boldsymbol{v}_{1,m}$ 和 $\boldsymbol{u}_{1,m}$ 分别表示 $\boldsymbol{V}_m$ 和 $\boldsymbol{U}_m$ 的第一列，σ_1 表示最大奇异值。

步骤 3 如果 $m<M_R$，令 $m=m+1$，跳转至①。

由于 $\boldsymbol{f}_{2,m}\boldsymbol{f}_{1,m}{}^{\mathrm{T}}=(\lambda_m\boldsymbol{f}_{2,m})(\boldsymbol{f}_{1,m}/\lambda_m)^{\mathrm{T}}$[15]，对于每 m 列，都存在尺度模糊，可通过消除式(3-22)和式(3-23)的未知信道消除未知参数 λ_m。为消除 λ_m，将 $\boldsymbol{X}$ 设计为 M_1+M_2 行、N_P 列的 DFT 矩阵，其中 $N_P\geqslant M_1+M_2$。根据 DFT 矩阵的正交性，两用户遵循导频正交原则，并有

$$(\boldsymbol{X}_1^{\mathrm{T}})^{\dagger}\boldsymbol{X}^{\mathrm{T}} = [\boldsymbol{I}_{M_1}, \boldsymbol{O}_{M_1\times M_2}] \tag{3-24}$$

$$(\boldsymbol{X}_2^{\mathrm{T}})^{\dagger}\boldsymbol{X}^{\mathrm{T}} = [\boldsymbol{O}_{M_2\times M_1}, \boldsymbol{I}_{M_2}] \tag{3-25}$$

将式(3-24)、式(3-25)代入式(3-23)得

$$\widetilde{\boldsymbol{F}}_2 = (\boldsymbol{X}^{\mathrm{T}})^{\dagger}\boldsymbol{F}_2 = \boldsymbol{H}_{R1}\boldsymbol{G}_2\boldsymbol{\Lambda}^{-1} \tag{3-26}$$

$$\widetilde{\boldsymbol{F}}\boldsymbol{\Lambda}\boldsymbol{G}_2^{\dagger} = \boldsymbol{H}_{R1} \tag{3-27}$$

式(3-27)中 $\boldsymbol{G}_2$ 存在伪逆运算，故设计 $\boldsymbol{G}_2$ 为满秩且正交方阵，并将 $\boldsymbol{H}_{R1}$ 代入式(3-22)得

$$\boldsymbol{F}_1 = \boldsymbol{F}_2[(\boldsymbol{G}_2^{\dagger}\boldsymbol{G}_1)\diamond(\boldsymbol{\lambda}\boldsymbol{\lambda}^{\mathrm{T}})] \tag{3-28}$$

其中，$\diamond$表示矩阵元素相乘，$\boldsymbol{\Lambda}=\mathrm{diag}\{\lambda\}$。

式(3-28)求解 λ，所需条件是 $M_1\geqslant M_R$；同理，用户 2 求解 λ 所需条件是 $M_2\geqslant M_R$，因此，需考虑 $\min\{M_1, M_2\}\geqslant M_R$ 和 $1<\min\{M_1, M_2\}<M_R$ 两种

情况。

情况 1：若 $\min\{M_1, M_2\} \geqslant M_R$，由式(3-28)得

$$\widetilde{\boldsymbol{F}}_2^{\dagger}\boldsymbol{F}_1 = [(\boldsymbol{G}_2^{\dagger}\boldsymbol{G}_1)\diamondsuit(\boldsymbol{\lambda\lambda}^{\mathrm{T}})] \tag{3-29}$$

$$(\widetilde{\boldsymbol{F}}_2^{\dagger}\boldsymbol{F}_1)\oslash(\boldsymbol{G}_2^{\dagger}\boldsymbol{G}_1) = \boldsymbol{\lambda\lambda}^{\mathrm{T}} \tag{3-30}$$

其中，$\oslash$表示矩阵元素相除，$\boldsymbol{G}_2^{\dagger}\boldsymbol{G}_1$ 不包含等于零或接近于零的项，是设计 $\boldsymbol{G}_1$ 的一个限制条件。令 $\boldsymbol{L}=(\widetilde{\boldsymbol{F}}_2^{\dagger}\boldsymbol{F}_1)\oslash(\boldsymbol{G}_2^{\dagger}\boldsymbol{G}_1)$，含噪声情况下，$\lambda$ 的估计方法如下：

① 计算 $\widetilde{\boldsymbol{L}}=\frac{1}{2}(\boldsymbol{L}+\boldsymbol{L}^{\mathrm{T}})$，使矩阵 $\widetilde{\boldsymbol{L}}$ 对称。

② 根据对称性，将矩阵 SVD 分解 $\widetilde{\boldsymbol{L}}=\boldsymbol{U\Sigma U}^{\mathrm{T}}$。

③ 计算 $\hat{\lambda}=\sqrt{\sigma}\boldsymbol{u}_1$，$\boldsymbol{u}_1$ 表示 $\boldsymbol{U}$ 的第一列，σ 表示 $\widetilde{\boldsymbol{L}}$ 的最大奇异值。

通过上述计算，得到 $\boldsymbol{F}_1$、$\boldsymbol{F}_2$ 和 λ 的估计值，并由式(3-22)和式(3-23)得到信道矩阵。

$$\hat{\boldsymbol{H}}_{R1} = \boldsymbol{F}_1\mathrm{diag}\{\hat{\lambda}\}^{-1}\boldsymbol{G}_1^{-1} \tag{3-31}$$

$$\hat{\boldsymbol{H}}_{2R} = ((\boldsymbol{X}_2^{\mathrm{T}})^{\dagger}\boldsymbol{F}_2\mathrm{diag}\{\hat{\lambda}\}\boldsymbol{G}_2^{-1})^{\mathrm{T}} \tag{3-32}$$

式(3-31)中 $\boldsymbol{G}_1$ 存在伪逆运算，且 $\boldsymbol{G}_2^{\dagger}\boldsymbol{G}_1$ 不包含等于零或接近于零的项，故设计 $\boldsymbol{G}_1$ 为满秩且正交方阵。

情况 2：若 $1<\min\{\boldsymbol{M}_1, \boldsymbol{M}_2\}<\boldsymbol{M}_R$，定义

$$\boldsymbol{G}_2^{\dagger}\boldsymbol{G}_1 = [\widetilde{\boldsymbol{g}}_1, \widetilde{\boldsymbol{g}}_1, \cdots, \widetilde{\boldsymbol{g}}_{M_R}] \tag{3-33}$$

$$\boldsymbol{F}_1 = [\boldsymbol{f}_{1,1}, \boldsymbol{f}_{1,2}, \cdots, \boldsymbol{f}_{1,M_R}] \tag{3-34}$$

其中，$\boldsymbol{f}_{1,m}$、$\widetilde{\boldsymbol{g}}_m$ 分别代表 $\boldsymbol{F}_1$ 和 $\widetilde{\boldsymbol{G}}=\boldsymbol{G}_2^{\dagger}\boldsymbol{G}_1\in\mathbf{C}^{M_R\times M_R}$ 的第 m 列。利用矩阵 $\boldsymbol{\lambda\lambda}^{\mathrm{T}}$ 的性质，设计最多包含 $\min\{M_1, M_2\}$ 个非零元素的 $\widetilde{\boldsymbol{g}}_m$。为了估计 λ，将式(3-33)和式(3-34)代入式(3-28)，并将其写为向量方程的形式：

$$\boldsymbol{l}_m = [\widetilde{\boldsymbol{F}}_2\mathrm{diag}\{\widetilde{\mathcal{G}}_m\}]^{\dagger}\boldsymbol{f}_{1,m} \tag{3-35}$$

其中，$m=1, 2, \cdots, M_R$，$\boldsymbol{L}=[l_1, l_2, \cdots, l_{M_R}]$，$\boldsymbol{L}$ 中包含矩阵 $\widetilde{\boldsymbol{G}}$ 中非零元素和零元素估计的 $\boldsymbol{\lambda\lambda}^{\mathrm{T}}$，非零元素和零元素估计的 $\boldsymbol{\lambda\lambda}^{\mathrm{T}}$ 在矩阵 $\boldsymbol{L}$ 中分别称为已知元素和未知元素，对矩阵 $\boldsymbol{L}$ 未知元素估计的具体步骤如下：

步骤 1　如果 $l_{j,i}$ 已知，可利用 $\boldsymbol{\lambda\lambda}^{\mathrm{T}}$ 的对称性求解未知元素 $l_{j,i}$。

步骤 2 若还有未知元素，则计算 $\rho_m \overset{\text{def}}{=} \lambda_m / \lambda_{m-1}$（$m=2, 3, \cdots, M_R$）。

① 设 $m=2$。

② 获得已知元素 $l_{m,i}$，$l_{m-1,i}$的列索引 $i \in \mathcal{I}$。

③ 获得已知元素 $l_{j,m}$，$l_{j,m-1}$的行索引 $j \in \mathcal{J}$。

④ $\rho_m = \frac{1}{2}\left(\frac{l_{m,i}}{l_{m-1,i}} + \frac{l_{j,m}}{l_{j,m-1}}\right)$，$\forall i \in \mathcal{I}, j \in \mathcal{J}$。

⑤ 如果 $m < M_R$，设 $m=m+1$，跳转至②。

步骤 3 根据比值估计其余部分，对于矩阵 $\boldsymbol{L}$ 中的未知元素 $l_{j,i}$：

① 如果元素 $l_{i,j-1}$已知，则 $\hat{I}_{i,j} = l_{i,j-1}\rho_m$。

② 如果元素 $l_{i-1,j}$已知，则 $\hat{I}_{i,j} = l_{i-1,j}\rho_m$。

③ 如果元素 $l_{i,j+1}$已知，则 $\hat{I}_{i,j} = l_{i,j+1}\rho_m$。

④ 如果元素 $l_{i+1,j}$已知，则 $\hat{I}_{i,j} = l_{i+1,j}\rho_m$。

步骤 4 若存在多个 $\hat{I}_{i,j}$，则计算 $\hat{I}_{i,j}$的算术平均值。最后，利用与情况 1 相同的方法估计 λ，求得信道矩阵。

考虑到 $N_P \geqslant M_1 + M_2$ 及本节讨论的 M_1、M_2、M_R 的关系，复杂度因参数设置而定，如表 3.1 所示。

表 3.1 算法计算复杂度比较

算 法	复 杂 度
TBSIC	$\mathcal{O}(N_P M_1^2 + M_R^3 + M_1 M_R^2)$
LS	$\mathcal{O}(M_1 N_P + M_2 N_P)$
TST	$\mathcal{O}(M_R^2 M_2 + M_R M_2 M_1 + M_2 M_R N_P + M_2 M_1 N_P)$
P-KRF	$\mathcal{O}(M_R M_1 M_2 (\min(M_1, M_2) + M_R))$

3.1.3 仿真结果及分析

本节通过 Matlab 仿真验证所提方法的性能。以 $\boldsymbol{H}_{2R}$为例，信道估计性能由

均方根误差(root Mean Squared Error, rMSE)表征:

$$\text{rMSE}(\boldsymbol{H}_{2R}) = \min_{p=-1,1} \frac{\| \boldsymbol{H}_{2R} - p\hat{\boldsymbol{H}}_{2R} \|_F^2}{\| \boldsymbol{H}_{2R} \|_F^2} \tag{3-36}$$

其中，p 表示信道估计的符号模糊值[16]。rMSE 满足高斯分布，其互补累积分布函数(Complementary Cumulative Distribution Function, CCDF)为

$$\text{CCDF}(h) = 1 - \int_0^{\text{rMSE}} \frac{h}{\sigma^2} e^{-\frac{(h)^2}{2\sigma^2}} d(h) \tag{3-37}$$

式中，σ^2 表示方差。

图 3.4 分别给出了 $\min\{M_1, M_2\} \geqslant M_R$ 和 $1 < \min\{M_1, M_2\} < M_R$ 两种情况下信道的估计精度。图 3.4(a)中，两用户和中继站的天线数量分别为 $M_1 = M_2 = 7$，$M_R = 5$，导频矩阵 $\boldsymbol{X} \in \mathbf{C}^{8\times 8}$，为 DFT 矩阵，三阶张量$\mathcal{G}$的因子矩阵 $\boldsymbol{G}_1 = \boldsymbol{D}_2$，$\boldsymbol{G}_2 = \boldsymbol{I}_2$，$\boldsymbol{G}_3 = \boldsymbol{D}_2$，其中，$\boldsymbol{D}_2 \in \mathbf{C}^{2\times 2}$，为 DFT 矩阵；图 3.4(b)中，两用户和中继站的天线数量分别为 $M_1 = M_2 = 3$，$M_R = 5$，导频矩阵 $\boldsymbol{X} \in \mathbf{C}^{6\times 6}$，为 DFT 矩阵，三阶张量$\mathcal{G}$的因子矩阵 $\boldsymbol{G}_1 = \boldsymbol{S}_{5\times 3} \odot \boldsymbol{D}_5$，$\boldsymbol{G}_2 = \boldsymbol{I}_5$，$\boldsymbol{G}_3 = \boldsymbol{D}_5$，其中，$\boldsymbol{D}_5 \in \mathbf{C}^{5\times 5}$，为 DFT 矩阵；矩阵 $\boldsymbol{S}_{5\times 3}$ 如下：

$$\boldsymbol{S}_{5,3} = \begin{bmatrix} 1 & 0 & 0 & 1 & 1 \\ 1 & 1 & 0 & 0 & 1 \\ 1 & 1 & 1 & 0 & 0 \\ 0 & 1 & 1 & 1 & 0 \\ 0 & 0 & 1 & 1 & 1 \end{bmatrix}$$

由图 3.4 可见，两种情况下，四种算法的 rMSE 值都随着 SNR 值的增加逐渐减小，其信道估计能力增强，且 TBSIC 的信道估计精度远远优于其他三种算法。由于基于张量的信道估计算法可解决非线性最小二乘问题，尤其是当中继的天线数量小于两用户时，信道估计精度更高，与其他三种算法相比，TBSIC 具有一定的优势。

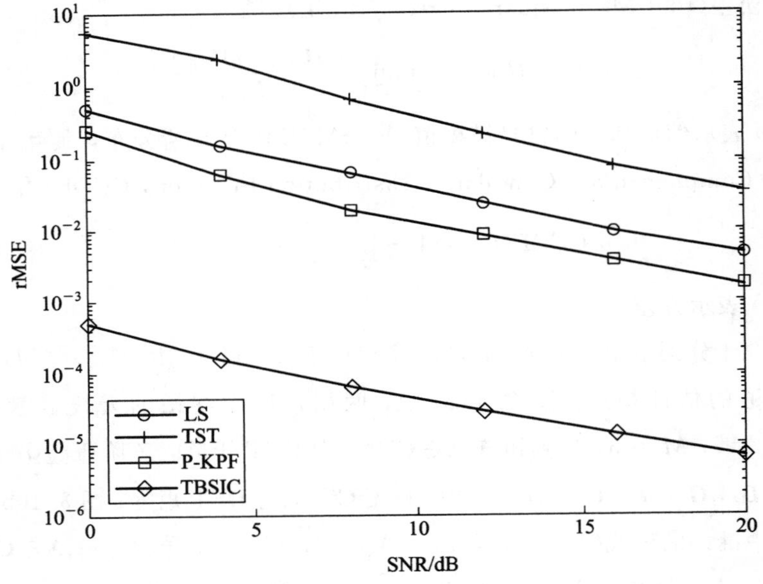

(a) 第一种情况：$M_1=M_2=7$，$M_R=5$

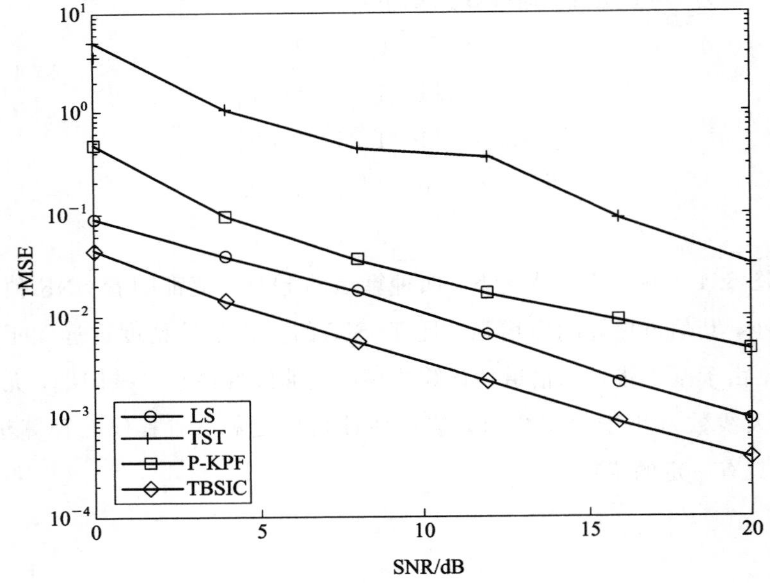

(b) 第二种情况：$M_1=M_2=3$，$M_R=5$

图 3.4 不同算法的 rMSE 性能比较

图 3.5 给出了 $M_1=6$，$M_2=6$，$M_R=12$ 时，TBSIC 的误比特率(Bit Error Ratio，BER)性能曲线。当 SNR 为 10 dB 时，两用户发送的符号 $\boldsymbol{S}_1$ 和 $\boldsymbol{S}_2$ 的 BER 分别约为 $10^{-2.4}$ 和 $10^{-2.5}$ 左右。这是因为本小节讨论的图 3.1 所示的系统模型中，假设了两用户关于中继对称分布。

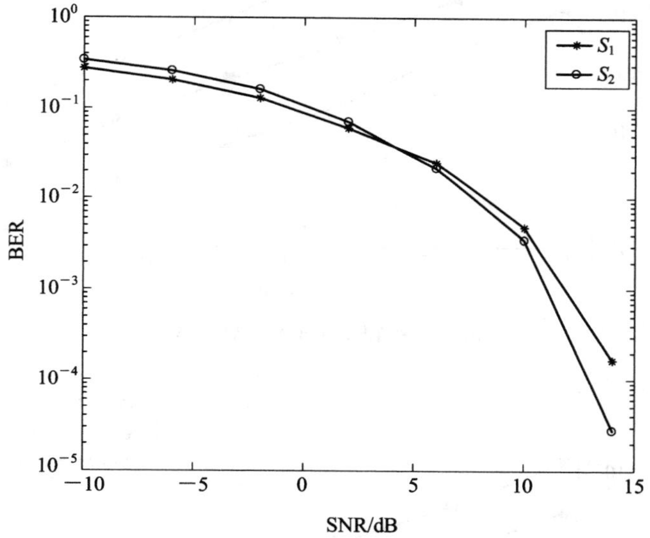

图 3.5　基于张量的信道估计算法的 BER 性能

图 3.6 为中继天线数量固定，即 $M_R=6$ 时，$\min\{M_1, M_2\}\geqslant M_R$ 和 $1<\min\{M_1, M_2\}<M_R$ 两种情况下天线数量对信道估计性能的影响。随着两用户发射天线数量的增加，空间分集增益增大，rMSE 逐渐降低，算法的估计精度得到了提升。

当 $M_1=M_2=M_R=4$，SNR 分别等于 10 dB、15 dB 和 20 dB 时，TBSIC 与 LS 算法关于 CCDF 的曲线图如图 3.7 所示。相同信噪比下，TBSIC 的 CCDF 曲线更平滑、斜率的绝对值更大，这表明 TBSIC 受噪声影响相对较小，且对信道的估计更稳定。值得注意的是，当 TBSIC 的 SNR 为 10 dB 时，CCDF 性能与 LS 算法 SNR 为 20 dB 时接近，表明了所提算法的可靠性。

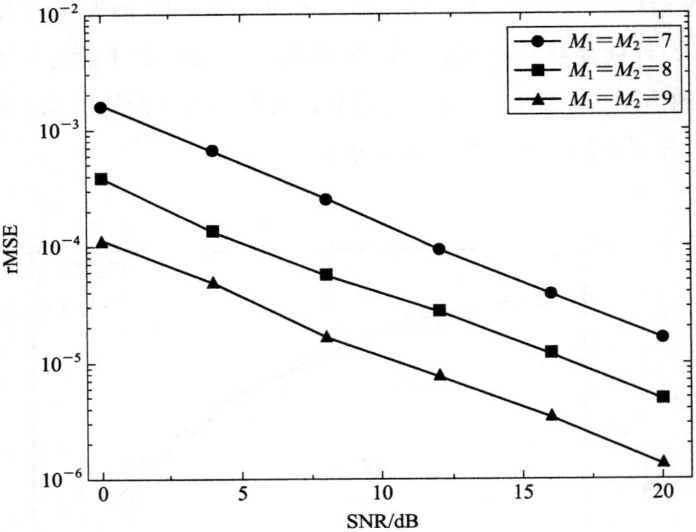

(a) 第一种情况：$\min\{M_1, M_2\}\geqslant M_R$

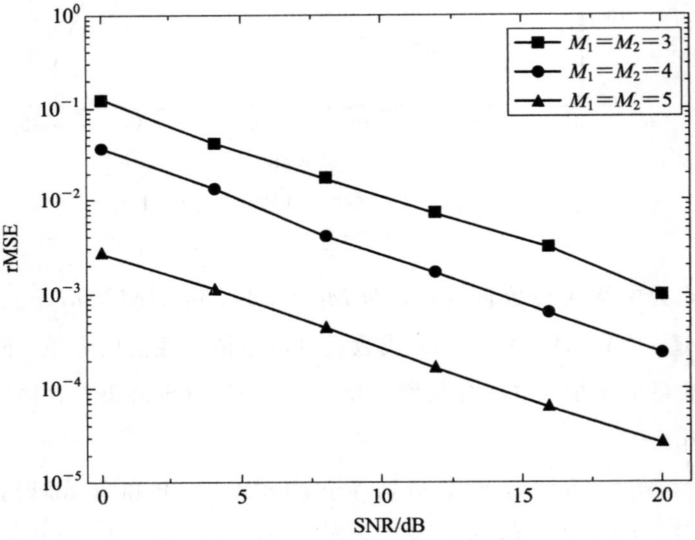

(b) 第二种情况：$1<\min\{M_1, M_2\}<M_R$

图 3.6　不同参数下 TBSIC 的 rMSE 性能

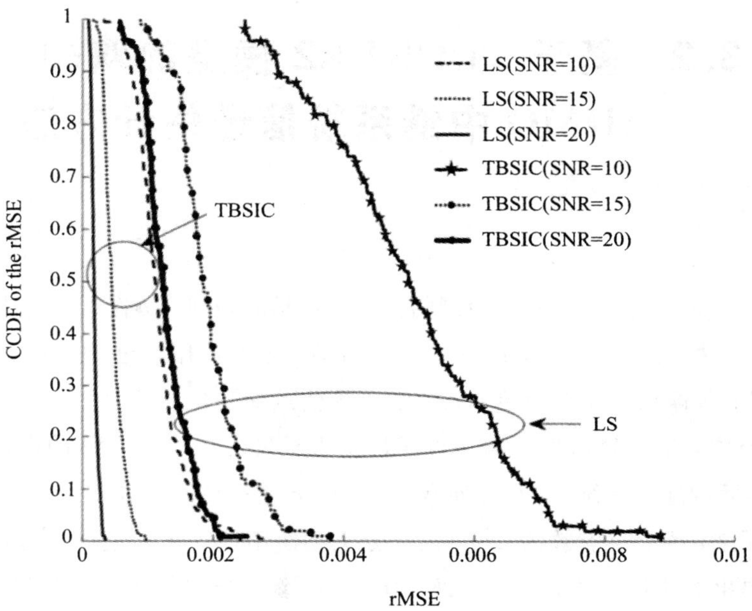

图 3.7　不同算法关于 CCDF 的比较

3.2 基于 TUCKER2 模型的双向 MIMO 中继系统信道估计方法

由于空间分集增益、覆盖范围的扩大和容量的增加，协作通信为未来的无线通信标准提供了有效的解决方案[17]。目前，主要使用中继构建协作通信系统[18]。AF 策略由于实现简单、无须解码等优点而被广泛应用。同时，在双向中继系统中，基站处信号检测的可靠性很大程度上取决于 CSI 的准确性，然而，在实际的通信系统中，CSI 通常未知，需要通过估计获得。

近年来，为获得有效的 CSI，大部分文献使用训练序列进行信道估计。文献[19]提出的迭代算法，用于两跳 MIMO 中继系统中信道矩阵的联合估计。文献[20]提出了一种基于张量的接收机，用于三跳通信系统的联合信道估计。文献[19]和[20]都是针对单向两跳或多跳 MIMO 中继系统展开的研究，且都依赖于训练序列获取 CSI。与单向 MIMO 中继系统相比，双向 MIMO 中继系统有更高的无线电资源利用率和传输效率[11]。文献[21]在具有互易性的双向 MIMO 系统中，提出了一种基于张量的信道估计算法，适用于不同天线配置的情况。文献[22]通过在接收端构造 PARAFAC 模型，提出了一种低复杂度的联合信道估计方法，该方法将两个 Khatri-Rao 乘积重构为秩 1 矩阵，并通过 SVD 分解获得信道矩阵。文献[23]对 MIMO 三用户双向通信系统进行研究，提出了信号校准方案，并设计预编码，以提高 BER 性能。然而，文献[21]～[23]都需要使用训练序列，这将降低系统的频谱效率。

本节针对双向 MIMO AF 中继系统，介绍了一种基于 TUCKER2 模型的非迭代算法，该算法能够实现通信系统中的符号与信道矩阵的联合估计。在发送端与中继端，所提方法对发送的符号与接收的信号进行编码，将符号矩阵构造为多个 Khatri-Rao 乘积。在接收端，所提方法对接收的信号构造 T＝UCKER2模型，并利用 T-KPLS 算法对模型进行拟合，估计出信道矩阵与符号矩阵。

3.2.1 系统模型

如图 3.8 所示，针对双向 MIMO AF 中继系统，两用户通过中继进行信息交换，用户 1、用户 2 和中继 r 分别配备 M_1、M_2、M_r 根天线，且 $M_1=M_2=M_r$，信息传输过程分为两个阶段：在第一个阶段，用户 1 与用户 2 将信息进行编码，然后同时将信息发送至中继 r；在第二个阶段，中继对两用户发送的信息进行重新编码，然后放大转发至两用户，完成信息的交换。

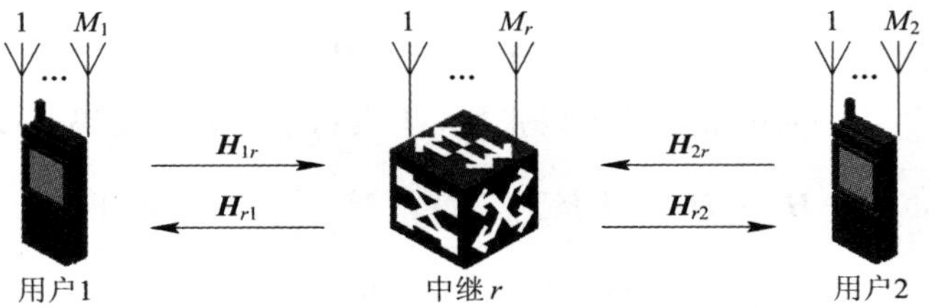

图 3.8　双向 MIMO 中继通信系统

3.2.2 信道估计方法

1. 信道估计方法

$\widetilde{\mathcal{X}}=\mathcal{X}+\mathcal{N}$ 为第一个阶段中继端收到的信号张量表示，$\widetilde{\mathcal{Y}}^{(i)}=\mathcal{Y}^{(i)}+\mathcal{V}^{(i)}$ 为第二个阶段用户端收到的信号张量表示，其中 $\mathcal{N}$ 和 $\mathcal{V}^{(i)}$ 分别表示中继端和用户端所接收到的噪声的张量表示($i=1, 2$)。

在第一个阶段，中继端接收到的来自用户 1 和用户 2 的信号张量表示为 $\widetilde{\mathcal{X}}\in\mathbf{C}^{N\times M_r\times P}$，可写为

$$\widetilde{\mathcal{X}}=\mathcal{C}^{(1)}\times_1\boldsymbol{S}^{(1)}\times_2\boldsymbol{H}_{1r}+\mathcal{C}^{(2)}\times_1\boldsymbol{S}^{(2)}\times_2\boldsymbol{H}_{2r}+\mathcal{N} \tag{3-38}$$

其中，$\boldsymbol{S}^{(i)}=\boldsymbol{S}_1{}^{(i)}\odot\boldsymbol{S}_2{}^{(i)}\odot\boldsymbol{S}_3{}^{(i)}\in\mathbf{C}^{N\times R}$ 为用户 i 发送的符号矩阵，N 和 R 分别表示符号数和数据流，且 $N=N_1N_2N_3$，此过程称为 MKRST(Multiple Khatri-

Rao Product-based Space-time)编码，$\boldsymbol{S}_q{}^{(i)} \in \mathbf{C}^{N_q \times R}(q=1, 2, 3)$。$\boldsymbol{H}_{ir} \in \mathbf{C}^{M_r \times M_s}$ 和$\boldsymbol{H}_{ri} \in \mathbf{C}^{M_s \times M_r}$分别为用户 i 至中继和中继至用户 i 的信道矩阵，$\mathcal{C}^{(i)} \in \mathbf{C}^{R \times M_s \times P}$ 为用户 i 处的编码张量，P 表示用户端的编码长度，式(3-38)满足 TUCKER2 模型[24]，$\widetilde{\boldsymbol{X}}$ 的模 3 展开为

$$\widetilde{\boldsymbol{X}}_{P \times NM_r} = \boldsymbol{C}_3^{(1)} (\boldsymbol{S}^{(1)} \otimes \boldsymbol{H}_{1r})^{\mathrm{T}} + (\boldsymbol{S}^{(2)} \otimes \boldsymbol{H}_{2r})^{\mathrm{T}} + \boldsymbol{N}_{P \times NM_r} \tag{3-39}$$

其中，用户 i 的编码矩阵为$\boldsymbol{C}_3^{(i)} \in \mathbf{C}^{P \times RM_s}$，设$\boldsymbol{C}_3^{(2)}$ 满足式(3-40)的设计规则：

$$(\boldsymbol{C}_3^{(2)})^{\mathrm{H}} \boldsymbol{C}_3^{(2)} = \boldsymbol{I}_{RM_s}, \quad (\boldsymbol{C}_3^{(2)})^{\mathrm{H}} \boldsymbol{C}_3^{(1)} = 0_{RM_s} \tag{3-40}$$

在第二个阶段，中继对所接收的信号重新编码，并将信号发送至两用户。在用户 1 端，接收到的来自中继的三阶张量满足 TUCKER2 模型：

$$\widetilde{\mathcal{Y}}^{(1)} = \mathcal{G} \times_1 \widetilde{\boldsymbol{X}}_{PN \times M_r} \times_2 \boldsymbol{H}_{r1}^{\mathrm{T}} + \mathcal{V}^{(1)} \tag{3-41}$$

其中，$\mathcal{G} \in \mathbf{C}^{M_r \times M_s \times J}$ 为中继处的编码张量，J 表示中继处的编码长度。假设信道满足互易性，即有 $\boldsymbol{H}_{r1}^{\mathrm{T}} = \boldsymbol{H}_{1r}$，张量$\widetilde{\mathcal{Y}}^{(1)} \in \mathbf{C}^{PN \times M_r \times J}$的模 3 展开为

$$\widetilde{\boldsymbol{Y}}_{J \times PNM_r}^{(1)} = \boldsymbol{G}_3 (\widetilde{\boldsymbol{X}}_{PN \times M_r} \otimes \boldsymbol{H}_{1r})^{\mathrm{T}} + \boldsymbol{V}_{J \times PNM_r}^{(1)} \tag{3-42}$$

为了表述简单，以下公式不体现噪声。利用编码矩阵 $\boldsymbol{G}_3 \in \mathbf{C}^{J \times M_r M_s}$ 的列正交性，即 $\boldsymbol{G}_3^{\mathrm{H}} \boldsymbol{G}_3 = \boldsymbol{I}_{M_r M_s}$，式(3-42)两边分别左乘 $\boldsymbol{G}_3^{\mathrm{H}}$，可以得到

$$\boldsymbol{Z}_{M_r M_s \times PNM_r}^{(1)} = \boldsymbol{G}_3^{\mathrm{H}} \boldsymbol{Y}_{J \times PNM_r}^{(1)} \approx (\boldsymbol{X}_{PN \times M_r} \otimes \boldsymbol{H}_{1r})^{\mathrm{T}} \tag{3-43}$$

若估计出 $\boldsymbol{Z}_{M_r M_s \times PNM_r}^{(1)}$，矩阵 $\boldsymbol{X}_{PN \times M_r}$ 和 $\boldsymbol{H}_{1r}$ 利用 T-KPLS 算法也被估计出。接收端需要估计出对方发送的信息，因此，由式(3-39)得

$$\hat{\boldsymbol{X}}_{P \times NM_r}^{(1)} \approx \boldsymbol{C}_3^{(1)} (\boldsymbol{S}^{(1)} \otimes \boldsymbol{H}_{1r})^{\mathrm{T}} + \boldsymbol{C}_3^{(2)} (\boldsymbol{S}^{(2)} \otimes \boldsymbol{H}_{2r})^{\mathrm{T}} \tag{3-44}$$

式(3-44)为第一个阶段中继处所接收到的来自两用户的信号。在第二个阶段，用户接收到的信号包含自身的自干扰信号和期望信号。符号矩阵 $\boldsymbol{S}^{(1)}$ 和编码张量$\mathcal{C}^{(1)}$在用户 1 处是已知的，利用式(3-43)得出的 $\boldsymbol{X}_{PN \times M_r}$ 和 $\boldsymbol{H}_{1r}$ 消除自干扰的影响，有

$$\boldsymbol{W}_{P \times NM_r}^{(1)} \approx \hat{\boldsymbol{X}}_{P \times NM_r}^{(1)} - \boldsymbol{C}_3^{(1)} (\boldsymbol{S}^{(1)} \otimes \hat{\boldsymbol{H}}_{1r})^{\mathrm{T}} \approx \boldsymbol{C}_3^{(2)} (\boldsymbol{S}^{(2)} \otimes \boldsymbol{H}_{2r})^{\mathrm{T}} \tag{3-45}$$

利用编码矩阵 $\boldsymbol{C}_3^{(2)}$ 的列正交性质，即式(3-40)，式(3-45)两边分别左乘 $(\boldsymbol{C}_3^{(2)})^{\mathrm{H}}$，可得

$$\boldsymbol{Q}_{RM_s \times NM_r}^{(1)} = (\boldsymbol{C}_3^{(2)})^{\mathrm{H}} \boldsymbol{W}_{P \times NM_r}^{(1)} \approx (\boldsymbol{S}^{(2)} \otimes \boldsymbol{H}_{2r})^{\mathrm{T}} \tag{3-46}$$

估计出 $\boldsymbol{Q}^{(1)}_{RM_s \times NM_r}$ 后，可利用 T-KPLS 算法继续获得矩阵 $\boldsymbol{S}^{(2)}$、$\boldsymbol{H}_{2r}$。接下来，根据 $\boldsymbol{S}^{(2)} = \boldsymbol{S}_1^{(2)} \odot \boldsymbol{S}_2^{(2)} \odot \boldsymbol{S}_3^{(2)}$，符号矩阵 $\boldsymbol{S}_1^{(2)}$，$\boldsymbol{S}_2^{(2)}$ 和 $\boldsymbol{S}_3^{(2)}$ 可利用 MKRST 解码获得：

$$\boldsymbol{S}^{(2)} = \boldsymbol{S}_1^{(2)} \odot \boldsymbol{S}_{(2,3)}^{(2)}, \ \boldsymbol{S}_{(2,3)}^{(2)} = \boldsymbol{S}_2^{(2)} \odot \boldsymbol{S}_3^{(2)} \tag{3-47}$$

$$\boldsymbol{S}^{(2)} = \boldsymbol{S}_{(1,2)}^{(2)} \odot \boldsymbol{S}_3^{(2)}, \ \boldsymbol{S}_{(1,2)}^{(2)} = \boldsymbol{S}_1^{(2)} \odot \boldsymbol{S}_2^{(2)} \tag{3-48}$$

$$\begin{aligned}\boldsymbol{S}_2^{(2)} \odot \boldsymbol{S}_1^{(2)} \odot \boldsymbol{S}_3^{(2)} &= \boldsymbol{\Pi}_{N_2, N_1} (\boldsymbol{S}_1^{(2)} \odot \boldsymbol{S}_2^{(2)}) \odot \boldsymbol{S}_3^{(2)} = (\boldsymbol{\Pi}_{N_2, N_1} \otimes \boldsymbol{I}_{N_3}) \boldsymbol{S}^{(2)} \\ &= \boldsymbol{S}_2^{(2)} \odot \boldsymbol{S}_{(1,3)}^{(2)}, \ \boldsymbol{S}_{(1,3)}^{(2)} = \boldsymbol{S}_1^{(2)} \odot \boldsymbol{S}_3^{(2)}\end{aligned} \tag{3-49}$$

其中，$\boldsymbol{\Pi}_{N_2, N_1}$ 表示维度为 $N_2 N_1 \times N_1 N_2$ 的置换矩阵。

T-KPLS 算法的具体步骤如下：

(1) 根据式(3－46)，设 $\boldsymbol{F} = (\boldsymbol{Q}^{(1)})^{\mathrm{T}} \in \mathbf{C}^{NM_r \times RM_s}$，即 $\boldsymbol{F} = \boldsymbol{S}^{(2)} \otimes \boldsymbol{H}_{2r}$，其中 $\boldsymbol{S}^{(2)} \in \mathbf{C}^{N \times R}$，$\boldsymbol{H}_{2r} \in \mathbf{C}^{M_r \times M_s}$。

(2) 定义矩阵 $\widetilde{\boldsymbol{F}} = [\boldsymbol{E}_1^{\mathrm{T}} \cdots \boldsymbol{E}_R^{\mathrm{T}}] \in \mathbf{C}^{NR \times M_r M_s}$，其中，$\boldsymbol{E}_r\ [\mathrm{vec}\{F_{1,r}\} \cdots \mathrm{vec}\{\boldsymbol{F}_{N,r}\}]^{\mathrm{T}} \in \mathbf{C}^{N \times M_r \boldsymbol{M}_s}$，$r \in \{1, \cdots, R\}$，矩阵 $\boldsymbol{F}_{n,r}$ 是矩阵 $\boldsymbol{F}$ 第 n 行、第 r 列的子矩阵，$n \in \{1, \cdots, N\}$，可以得到 $\widetilde{\boldsymbol{F}} = \mathrm{vec}\{\boldsymbol{S}^{(2)}\}\mathrm{vec}\{\boldsymbol{H}_{2r}\}$，其中

$$\boldsymbol{F} = \begin{pmatrix} \boldsymbol{F}_{1,1} & \cdots & \boldsymbol{F}_{1,R} \\ \vdots & & \vdots \\ \boldsymbol{F}_{N,1} & \cdots & \boldsymbol{F}_{N,R} \end{pmatrix} \tag{3-50}$$

(3) 对 $\widetilde{\boldsymbol{F}}$ 进行 SVD 分解，即 $\widetilde{\boldsymbol{F}} = \boldsymbol{U}_1 \boldsymbol{\Sigma} \boldsymbol{V}^H$，得到 $\widetilde{\boldsymbol{F}}$ 的最佳秩 1 近似，即 $\hat{\boldsymbol{s}} = \boldsymbol{u}_1 \sqrt{\sigma_1}$，$\hat{\boldsymbol{h}} = \boldsymbol{v}_1^* \sqrt{\sigma_1}$，$\boldsymbol{u}_1$ 和 $\boldsymbol{v}_1$ 分别为 $\boldsymbol{U}$ 和 $\mathbf{V}$ 的第一列，σ_1 为最大奇异值；

(4) 计算 $\hat{\boldsymbol{S}}^{(2)} = \underset{N \times R}{\mathrm{unvec}}\{\hat{\boldsymbol{s}}\}$ 和 $\hat{\boldsymbol{H}}_{2r} = \underset{M_r \times M_s}{\mathrm{unvec}}\{\hat{\boldsymbol{h}}\}$。

同理，矩阵 $\hat{\boldsymbol{X}}_{PN \times M_r}$、$\hat{\boldsymbol{H}}_{1r}$ 可以根据式(3－43)求解得到。

MKRST 解码算法的具体步骤如下：

对于 $r = 1, \cdots, R$：

(1) 根据式(3－47)，已知 $\hat{\boldsymbol{S}}^{(2)} = \boldsymbol{S}_1^{(2)} \odot \boldsymbol{S}_{(2,3)}^{(2)} \in \mathbf{C}^{N_1 W \times R}$，令 $W = N_2 \times N_3$。

(2) 将向量 $\hat{\boldsymbol{S}}_{.r}^{(2)}$ 排列为秩 1 矩阵 $\boldsymbol{\Psi}_r = \mathrm{unvec}(\hat{\boldsymbol{S}}_{.r}^{2}) \in \mathbf{C}^{W \times N_1}$。

(3) 对 $\boldsymbol{\Psi}_r$ 进行 SVD 分解并消除尺度模糊，可得 $\hat{\boldsymbol{a}} = \boldsymbol{v}_1^* \sqrt{\sigma_1}$，$\hat{\boldsymbol{b}} = \boldsymbol{u}_1 \sqrt{\sigma_1}$，$\boldsymbol{v}_1$、$\boldsymbol{u}_2$ 和 σ_1 分别为相应的右奇异向量、左奇异向量和最大奇异值。

(4) 计算 $\hat{\boldsymbol{S}}_1^{(2)}=\underset{N_1\times R}{\text{unvec}}\{\hat{a}\}$，$\hat{\boldsymbol{S}}_{(2,3)}^{(2)}=\underset{W\times R}{\text{unvec}}\{\hat{b}\}$。

同理，根据式(3-48)和式(3-49)可以获得 $\boldsymbol{S}_2^{(2)}$ 和 $\boldsymbol{S}_3^{(2)}$ 的估计值。

下面给出信道与符号矩阵估计方法的整体流程：

(1) 根据式(3-43)计算 $\boldsymbol{Z}_{M_rM_s\times PNM_r}^{(1)}=(\boldsymbol{X}_{PN\times M_r}\otimes\boldsymbol{H}_{1r})^{\mathrm{T}}$ 的 LS 估计值。

(2) 利用 T-KPLS 算法估计 $\boldsymbol{X}_{PN\times M_r}$ 和 $\boldsymbol{H}_{1r}$。

(3) 消除 $\hat{\boldsymbol{X}}_{PN\times M_r}$ 和 $\hat{\boldsymbol{H}}_{1r}$ 的尺度模糊。

(4) 根据式(3-45)消除用户 1 的自干扰。

(5) 根据式(3-46)计算 $\boldsymbol{Q}_{RM_s\times NM_r}^{(1)}=(\boldsymbol{S}^{(2)}\otimes\boldsymbol{H}_{2r})^{\mathrm{T}}$ 的 LS 估计值。

(6) 利用 T-KPLS 算法估计 $\boldsymbol{S}^{(2)}$ 和 $\boldsymbol{H}_{2r}$。

(7) 消除 $\hat{\boldsymbol{S}}^{(2)}$ 和 $\hat{\boldsymbol{H}}_{2r}$ 的尺度模糊。

(8) 利用 MKRST 解码算法分别求矩阵 $\boldsymbol{S}_1^{(2)}$、$\boldsymbol{S}_2^{(2)}$ 和 $\boldsymbol{S}_3^{(2)}$ 的估计值。

2. 算法分析

矩阵 $\boldsymbol{G}_3$ 和 $\boldsymbol{C}_3^{(i)}$ 为列满秩矩阵，即 $J\geqslant M_rM_s$ 和 $P\geqslant RM_s$。由于编码张量已知，列模糊不存在，故尺度模糊可以由以下公式消除：

$$\hat{\boldsymbol{H}}_{1r}\leftarrow\hat{\boldsymbol{H}}_{1r}\lambda_{\boldsymbol{H}_{1r}},\ \hat{X}_{PN\times M_r}\leftarrow\hat{X}_{PN\times M_r}\lambda_{\boldsymbol{H}_{1r}}^{-1}\tag{3-51}$$

$$\hat{\boldsymbol{S}}^{(2)}\leftarrow\boldsymbol{S}^{(2)}\lambda_{\boldsymbol{S}},\ \hat{\boldsymbol{H}}_{2r}\leftarrow\hat{\boldsymbol{H}}_{2r}\lambda_{\boldsymbol{S}}^{-1}\tag{3-52}$$

其中，$\lambda_{\boldsymbol{H}_{1r}}=(\boldsymbol{h}_{r1})_{1,1}$，$\lambda_S=S_{1,1}^{(2)}/\hat{S}_{1,1}^{(2)}$。

T-KPLS 算法的复杂度与 SVD 分解有关，其用于计算 Kronecker 积的因子被排列为秩 1 矩阵。表 3.2 给出了不同算法求解信道矩阵的计算复杂度。$\mathcal{O}(\min(PNM_r,M_rM_s)PNM_r^2M_s)$ 和 $\mathcal{O}(\min(NR,M_rM_s)NRM_rM_s)$ 分别表示求解 $\boldsymbol{X}_{PN\times M_r}$、单次信道矩阵的计算复杂度。

表 3.2 不同算法的计算复杂度比较

算　法	复 杂 度
基于 TUCKER2 模型的信道估计方法	$\mathcal{O}(\min(PNM_r,M_rM_s)PNM_r^2M_s)+\mathcal{O}(\min(NR,M_rM_s)NRM_rM_s)$
P-KRF[6]	$\mathcal{O}(M_rM_1M_2(\min(M_1,M_2)+P))$

由于基于 TUCKER2 模型的信道估计方法需要两步 T-KPLS 算法以获取

信道和符号矩阵，故总的复杂度比 P-KRF 算法要高，但在估计性能上有较大的优势。

3.2.3　仿真结果及分析

根据搭建的双向 MIMO 中继通信系统，通过 Matlab 仿真对基于 TUCKER2 模型的信道估计方法性能进行比较和分析。另外，此部分也给出了不同参数下所提方法的 BER 性能曲线以及经 MKRST 编解码的 BER 曲线，体现了所提算法的优势。以 $\boldsymbol{H}_{1r}$、$\boldsymbol{S}_2^{(2)}$ 为例，则有

$$\mathrm{NMSE}(\boldsymbol{H}_{1r}) = \min_{p=-1,\,1} \frac{\|\boldsymbol{H}_{1r} - p\hat{\boldsymbol{H}}_{1r}\|_F^2}{\|\boldsymbol{H}_{1r}\|_F^2} \tag{3-53}$$

$$\mathrm{BER}(\boldsymbol{S}^{(2)}) = \frac{\text{传输中的误码数}}{\text{所传输的总码数}} \times 100\% \tag{3-54}$$

其中，p 表示信道估计中的符号模糊值。

图 3.9 给出了所提方法与文献[19]的 P-KRF 方法、文献[21]的 TENCE 方法和文献[22]的 ALS-LS 方法的 NMSE 性能曲线，其中给定系统参数 $N=10$，$R=2$，$J=4$，$M_s=M_r=2$，$P=8$。由图 3.9 可知，对于 $\boldsymbol{H}_{2r}$ 和 $\boldsymbol{H}_{r1}$，基于 TUCKER2 模型方法信道估计精度优于其他三种方法，这是因为基于 TUCKER2 模型的信道估计方法发送训练序列，且在发送端与 AF 中继处增加编码方案，在高散射环境下，利用多天线提供的空间分集特性实现了可靠的传输，提高了频谱效率及传输可靠性。

在双向 MIMO AF 中继系统中，图 3.10 给出了不同参数下，基于 TUCKER2 模型的信道估计方法 BER 性能。参数设置为：$N=15$，$R=2$，$J=6$，$M_s=M_r=2$，编码长度 P 分别为 18、28、33。由图 3.10 可知，相同 SNR 下，当编码长度增加时，基于 TUCKER2 模型的信道估计方法 BER 减小，其信号检测能力增强。因此，对于基于 TUCKER2 模型的信道估计方法，可根据具体性能要求来选择合适的系统参数。

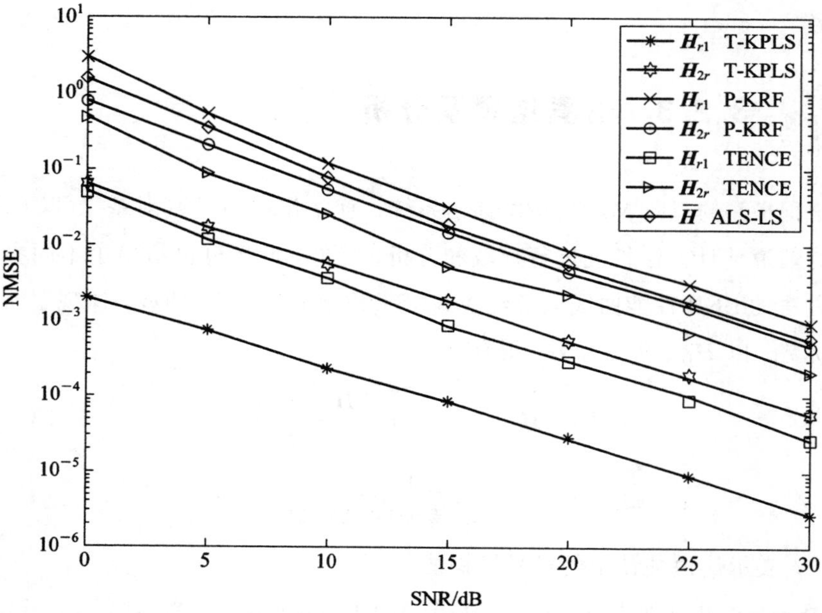

图 3.9 不同方法的 NMSE 性能比较

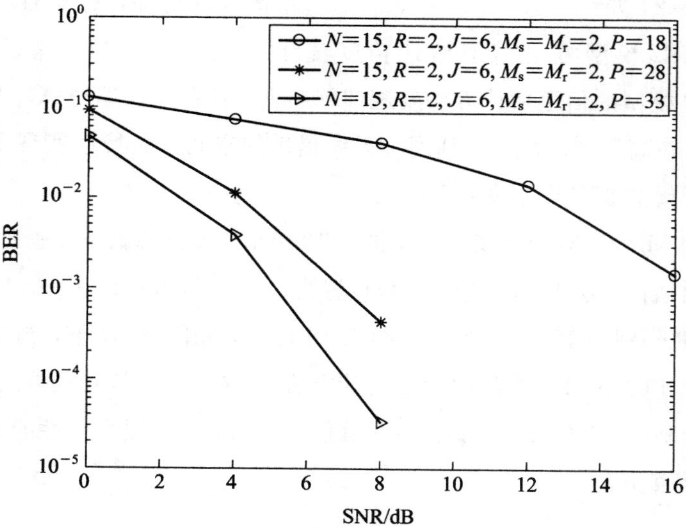

图 3.10 不同参数的 BER 性能比较

当 $P=32$，$J=6$，$M_r=M_s=R=2$，$N_1=N_2=N_3=3$ 时，图 3.11 给出了利用 MKRST 解码算法求解获得的符号矩阵的 BER 性能。由图可知，$\boldsymbol{S}_1^{(2)}$ 和 $\boldsymbol{S}_3^{(2)}$ 的 BER 性能优于 $\boldsymbol{S}_2^{(2)}$，那是因为求解 $\boldsymbol{S}_2^{(2)}$ 需要根据 $\boldsymbol{S}_1^{(2)}$ 或 $\boldsymbol{S}_3^{(2)}$ 的求解结果进行计算，产生了累积误差，式(3-47)～式(3-49)也解释了这一点。

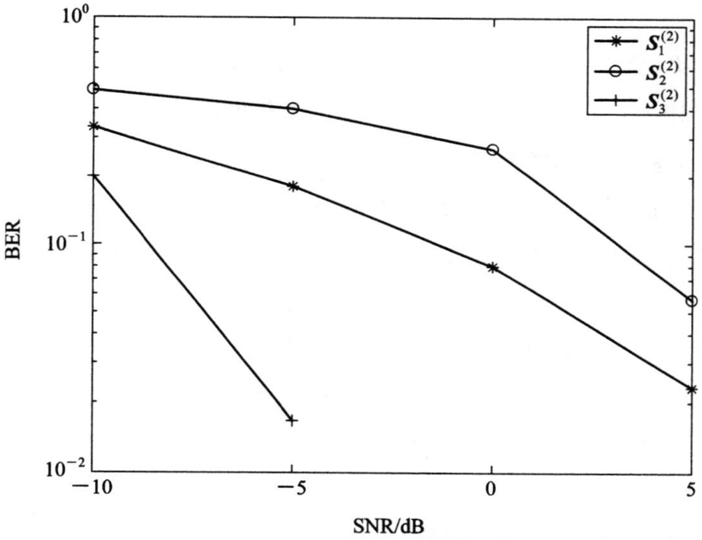

图 3.11　符号矩阵的 BER 性能

3.3 基于 PARATUCK2 模型的双向 MIMO 中继系统的半盲接收机

在 MIMO 无线通信系统中，信源端和目的端之间的中继起着重要的作用[25]。在 MIMO 系统中增加中继的数量可以获得更高的链路容量和更大的覆盖范围，提高整个链路的有效性和可靠性。大量的 MIMO 中继系统假设已知 CSI[26-27]；然而，在实际的通信系统中，CSI 是未知的，需要进行估计。

本节介绍一种用于双向 MIMO 中继系统的联合信道和符号估计的交替最小二乘(Uni-ALS)接收机。该通信系统利用了简化的 ST 编码和 AF 中继协议。源节点接收到的信号可以用一个三阶张量来表示，该张量满足平行因子 TUCKER2 (PARATUCK2)模型。在此模型的基础上，可以得到信道信息和符号信息。与 TST[4] 相比，结果表明该半盲接收机具有较好的性能。

3.3.1 系统模型

考虑一个由两个源节点和一个中继节点组成的双向 MIMO 系统，如图 3.12所示。源节点 i 和中继节点假定在半双工模式下工作，且其天线数目分别

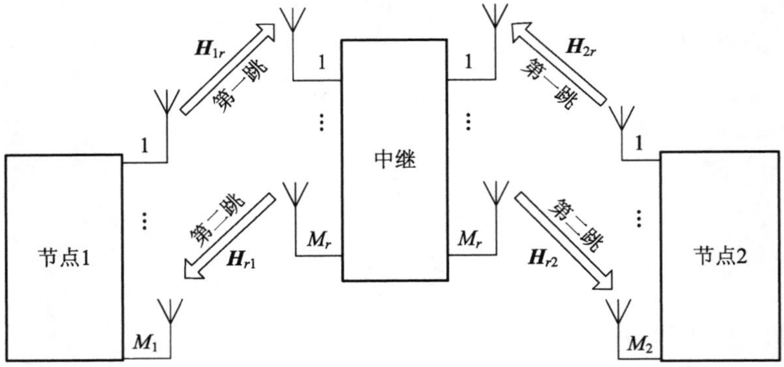

图 3.12 双向 MIMO 中继系统

为 M_i 和 $M_r(i=1, 2)$。设 $\boldsymbol{S}_i \in \mathbf{C}^{N \times M_i}$ 为 N 个时间块内复用到 M_i 根天线的符号矩阵。源 i 采用 ST 编码，编码矩阵为 $\mathbf{C}_i \in \mathbf{C}^{P \times M_i}$，$P$ 表示每个时间块内符号的个数。

矩阵 $\boldsymbol{H}_{ir} \in \mathbf{C}^{M_r \times M_i}$ 表示源节点 i 与中继端之间的信道，矩阵 $\boldsymbol{H}_{ri} \in \mathbf{C}^{M_i \times M_r}$ 表示反向信道。假设信道在总传输时间内是平坦衰落和准静态的，通信过程可分为两个阶段。

在第一个阶段，两个源节点同时向中继传输编码信号，在中继端，设 $\mathcal{X}=\widetilde{\mathcal{X}}+\mathcal{N} \in \mathbf{C}^{M_r \times P \times N}$ 为中继接收到包含噪声的信号张量，$\mathcal{N}$ 为噪声张量。在中继处，从两个源节点接收到的信号存储在第 n 个时间块 $\boldsymbol{X}_n$ 中，$\boldsymbol{X}_n$ 可定义为

$$\boldsymbol{X}_n = \boldsymbol{H}_{1r} D_n(\boldsymbol{S}_1)\boldsymbol{C}_1^{\mathrm{T}} + \boldsymbol{H}_{2r} D_n(\boldsymbol{S}_2)\boldsymbol{C}_2^{\mathrm{T}} + \boldsymbol{N}_n,\ n = 1, \cdots, N \tag{3-55}$$

其中，$\boldsymbol{N}_n \in \mathbf{C}^{M_r \times P}$ 为来自两个源节点的噪声矩阵。设编码矩阵 $\boldsymbol{C}_i$ 在接收端已知，并为标准正交列，且满足以下规则：

$$\boldsymbol{C}_i^{\mathrm{T}} \boldsymbol{C}_i^* = I_{M_i},\ \boldsymbol{C}_j^{\mathrm{T}} \boldsymbol{C}_i^* = 0_{M_j \times M_i},\ i, j = 1, 2,\ i \neq j \tag{3-56}$$

在第二个阶段，中继放大接收到的信号，同时向两个源节点重新发送信号。在源节点 i 处，从中继节点接收到的含噪张量为 $\mathcal{Y}^{(i)} = \overline{\mathcal{Y}}^{(i)} + \mathcal{V}^{(i)} \in \mathbf{C}^{M_i \times P \times N}$，其中 $\mathcal{V}^{(i)}$ 是噪声张量。源节点 1 处接收到的信号形成一个三阶张量 $\mathcal{Y}^{(1)} \in \mathbf{C}^{M_i \times P \times N}$，在第 n 个时间块，该三阶张量可写成

$$\begin{aligned}\boldsymbol{Y}_n^{(1)} &= \boldsymbol{H}_{r1} D_n(\boldsymbol{G}) X_n + \overline{\boldsymbol{V}}_n^{(1)} \\ &= \boldsymbol{H}_{r1} D_n(\boldsymbol{G}) \boldsymbol{H}_{1r} D_n(\boldsymbol{S}_1)\boldsymbol{C}_1^{\mathrm{T}} + \boldsymbol{H}_{r1} D_n(\boldsymbol{G}) \boldsymbol{H}_{2r} D_n(\boldsymbol{S}_2)\boldsymbol{C}_2^{\mathrm{T}} + \boldsymbol{V}_n^{(1)} \\ &= \overline{\boldsymbol{Y}}_n^{(1)} + \boldsymbol{V}_n^{(1)}\end{aligned} \tag{3-57}$$

其中，$\overline{\boldsymbol{V}}_n^{(1)}$ 为第 n 个时间块从中继到源节点 1 的噪声矩阵，$\boldsymbol{G} \in \mathbf{C}^{M_r \times N}$ 为中继处的放大矩阵，$\overline{\boldsymbol{Y}}_n^{(1)}$ 和 $\boldsymbol{V}_n^{(1)}$ 分别为第 n 个时间块的信号和噪声分量。

3.3.2 信道和符号估计算法

1. PARATUCK2 建模

为了简化表达式，可考虑在下面的讨论中使用无噪声公式。每个源节点的目的是估计另一个源节点发出的信号。在源节点 1 处，利用编码矩阵 $\boldsymbol{C}_1$ 和 $\boldsymbol{C}_2$

的性质，可以得到

$$\widetilde{\boldsymbol{Y}}_n^{(1)}=\overline{\boldsymbol{Y}}_n^{(1)}\boldsymbol{C}_2^*=H_{r1}D_n(\boldsymbol{G})\boldsymbol{H}_{2r}D_n(\boldsymbol{S}_2)\boldsymbol{I}_{M_2}\in\mathbf{C}^{M_1\times M_2} \tag{3-58}$$

将式(3－58)中的 N 个矩阵堆叠在一起，就得到了张量 $\widetilde{\mathcal{Y}}^{(1)}\in\mathbf{C}^{N\times M_2\times M_1}$。式(3－58)对应于 PARATUCK2 模型[21]，$\boldsymbol{H}_{r1}$ 和 $\boldsymbol{I}_{M_2}$ 为矩阵因子，$\boldsymbol{H}_{2r}$ 为核心矩阵，$\boldsymbol{G}$ 和 $\boldsymbol{S}_2$ 为相互作用矩阵。根据式(3－58)，得到以下向量表示：

$$\widetilde{\boldsymbol{y}}_n^{(1)}=\mathrm{vec}(\widetilde{\boldsymbol{Y}}_n^{(1)}),\ \boldsymbol{h}_{2r}=\mathrm{vec}(\boldsymbol{H}_{2r}) \tag{3-59}$$

根据性质 $\mathrm{vec}(\boldsymbol{ABC})=(\boldsymbol{C}^{\mathrm{T}}\otimes\boldsymbol{A})\mathrm{vec}(\boldsymbol{B})$[21] 和式(3－59)，式(3－58)的向量可表示为

$$\begin{aligned}\widetilde{y}_n^{(1)}&=(\boldsymbol{I}_{M_2}\otimes\boldsymbol{H}_{r1})\mathrm{vec}(D_n(\boldsymbol{G})\boldsymbol{H}_{2r}D_n(\boldsymbol{S}_2))\\&=(\boldsymbol{I}_{M_2}\otimes\boldsymbol{H}_{r1})(D_n(\boldsymbol{S}_2)\otimes D_n(\boldsymbol{G}))\boldsymbol{h}_{2r}\end{aligned} \tag{3-60}$$

收集 N 个时间块接收到的数据，得到接收信号张量 $\widetilde{\mathcal{Y}}^{(1)}$ 的向量化形式 $\widetilde{\mathbf{y}}^{(1)}$：

$$\widetilde{\mathbf{y}}^{(1)}=[(\widetilde{\boldsymbol{y}}_1^{(1)})^{\mathrm{T}},\cdots,(\widetilde{\boldsymbol{y}}_N^{(1)})^{\mathrm{T}}]^{\mathrm{T}}\in\mathbf{C}^{NM_1M_2\times 1} \tag{3-61}$$

由于 $D_n(\boldsymbol{B})\otimes D_n(\boldsymbol{A})=D_n((\boldsymbol{B}^{\mathrm{T}}\odot\boldsymbol{A}^{\mathrm{T}})^{\mathrm{T}})$ 和 $\boldsymbol{A}\odot\boldsymbol{B}=[\boldsymbol{B}D_1(\boldsymbol{A}),\cdots,\boldsymbol{B}D_n(\boldsymbol{A})]^{\mathrm{T}}$[16]，将式(3－60)代入式(3－61)，向量化形式 $\widetilde{\mathbf{y}}^{(1)}$ 为

$$\begin{aligned}\widetilde{\mathbf{y}}^{(1)}&=\begin{bmatrix}(\boldsymbol{I}_{M_2}\otimes\boldsymbol{H}_{r1})D_1((\boldsymbol{S}_2^{\mathrm{T}}\odot\boldsymbol{G}^{\mathrm{T}}))^{\mathrm{T}}\\ \vdots\\ (\boldsymbol{I}_{M_2}\otimes\boldsymbol{H}_{r1})D_N((\boldsymbol{S}_2^{\mathrm{T}}\odot\boldsymbol{G}^{\mathrm{T}}))^{\mathrm{T}}\end{bmatrix}h_{2r}\\&=(\boldsymbol{S}_2^{\mathrm{T}}\odot G^{\mathrm{T}})^{\mathrm{T}}\otimes(\boldsymbol{I}_{M_2}\otimes\boldsymbol{H}_{r1})h_{2r}=\boldsymbol{W}_1\boldsymbol{h}_{2r}\end{aligned} \tag{3-62}$$

其中，

$$\boldsymbol{W}_1=(\boldsymbol{S}_2^{\mathrm{T}}\odot\boldsymbol{G}^{\mathrm{T}})^{\mathrm{T}}\odot(\boldsymbol{I}_{M_2}\otimes\boldsymbol{H}_{r1})\in\mathbf{C}^{NM_1M_2\times M_2M_r} \tag{3-63}$$

根据式(3－58)，接收到的信号矩阵 $\widetilde{\boldsymbol{Y}}^{(1)}$ 可表示为

$$\begin{aligned}\widetilde{\boldsymbol{Y}}^{(1)}=\left[\widetilde{\boldsymbol{Y}}_1^{(1)},\ \cdots\ ,\widetilde{\boldsymbol{Y}}_N^{(1)}\right]&=\begin{bmatrix}D_1(\boldsymbol{S}_2)\boldsymbol{H}_{2r}^{\mathrm{T}}D_1(\boldsymbol{G})\\ \vdots\\ D_N(\boldsymbol{S}_2)\boldsymbol{H}_{2r}^{\mathrm{T}}D_N(\boldsymbol{G})\end{bmatrix}\boldsymbol{H}_{r1}^{\mathrm{T}}\\&=\boldsymbol{W}_2\boldsymbol{H}_{r1}^{\mathrm{T}}\end{aligned} \tag{3-64}$$

其中，

$$\boldsymbol{W}_2 = \begin{bmatrix} D_1(\boldsymbol{S}_2)\boldsymbol{H}_{2r}^{\mathrm{T}}D_1(\boldsymbol{G}) \\ \vdots \\ D_N(\boldsymbol{S}_2)\boldsymbol{H}_{2r}^{\mathrm{T}}D_N(\boldsymbol{G}) \end{bmatrix} \in \mathbf{C}^{NM_2 \times M_r} \tag{3-65}$$

矩阵 $\widetilde{\boldsymbol{Y}}^{(1)} \in \mathbf{C}^{NM_2 \times M_r}$ 可以看作是张量 $\widetilde{\mathcal{Y}}^{(1)}$ 的模 1 展开。将性质 $\mathrm{vec}(\boldsymbol{A}D_n(\boldsymbol{B})\boldsymbol{C}^{\mathrm{T}}) = (\boldsymbol{C} \odot \boldsymbol{A})\boldsymbol{B}_{n.}^{\mathrm{T}}$[28] 代入式(3-59)，根据式(3-58)可得

$$\widetilde{\boldsymbol{Y}}_n^{(1)} = (\boldsymbol{I}_{M2} \odot (\boldsymbol{H}_{r1}D_n(\boldsymbol{G})\boldsymbol{H}_{2r}))(\boldsymbol{S}_2)_{n.}^{\mathrm{T}} = \boldsymbol{W}_3\boldsymbol{S}_n \tag{3-66}$$

其中，

$$\boldsymbol{W}_3 = \boldsymbol{I}_{M2} \odot \boldsymbol{Z}_n,\ \boldsymbol{Z}_n = \boldsymbol{H}_{r1}D_n(\boldsymbol{G})\boldsymbol{H}_{2r} \tag{3-67}$$

符号矩阵 $\boldsymbol{S}_2$ 可以逐行得到，即 $\boldsymbol{S} = (\boldsymbol{S}_2)_{n.}^{\mathrm{T}}$，$\boldsymbol{Z}_n$ 可以理解为第 n 个时间段内的有效信道。

2. Uni-ALS 半盲接收机

基于 PARATUCK2 模型，我们介绍了一种用于信道和符号估计的 Uni-ALS 半盲接收机。矩阵 $\boldsymbol{H}_{2r}$、$\boldsymbol{H}_{r1}$ 和 $\boldsymbol{S}_2$ 是由式(3-62)、式(3-64)和式(3-66)的含噪公式推导得出的，其表达式如下：

$$\hat{\boldsymbol{h}}_{2r} = \underset{\boldsymbol{h}_{2r}}{\mathrm{argmin}} \left\| \widetilde{\widetilde{\boldsymbol{y}}}^{(1)} - (\widetilde{\boldsymbol{W}}_1)_{q-1}\boldsymbol{h}_{2r} \right\|_F^2 \tag{3-68}$$

$$\hat{\boldsymbol{H}}_{r1} = \underset{H_{r1}}{\mathrm{argmin}} \left\| \widetilde{\widetilde{\boldsymbol{Y}}}^{(1)} - (\hat{\boldsymbol{W}}_2)_q\boldsymbol{H}_{r1}^{\mathrm{T}} \right\|_F^2 \tag{3-69}$$

$$\hat{\boldsymbol{S}}_n = \underset{\boldsymbol{S}_n}{\mathrm{argmin}} \left\| \widetilde{\widetilde{\boldsymbol{y}}}_n^{(1)} - (\widetilde{\boldsymbol{W}}_3)_q\boldsymbol{S}_n \right\|_F^2 \tag{3-70}$$

其中，q 为迭代次数，$\widetilde{\widetilde{\boldsymbol{Y}}}^{(1)}$ 和 $\widetilde{\widetilde{y}}^{(1)}$ 为张量 $\widetilde{\widetilde{\mathcal{Y}}}^{(1)} \in \mathbf{C}^{N \times M_2 \times M_1}$ 的矩阵形式和向量化形式，$(\widetilde{\boldsymbol{W}}_j)_q$ 为 $\boldsymbol{W}_j$ 在第 q 次迭代时的估计值($j=1,2,3$)。根据式(3-63)、式(3-65)和式(3-67)，可以得到式(3-71)～式(3-74)，并用系统参数替换它们之前的估计值。

$$(\widetilde{\boldsymbol{W}}_1)_{q-1} = ((\hat{\boldsymbol{S}}_2)_{q-1}^{\mathrm{T}} \odot \boldsymbol{G}^{\mathrm{T}})^{\mathrm{T}} \odot (\boldsymbol{I}_{M_2} \otimes (\hat{\boldsymbol{H}}_{r1})_{q-1}) \tag{3-71}$$

$$(\widetilde{\boldsymbol{W}}_2)_q = \begin{bmatrix} D_1((\hat{\boldsymbol{S}}_2)_{q-1})(\hat{\boldsymbol{H}}_{2r})_q^{\mathrm{T}}D_1(\boldsymbol{G}) \\ \vdots \\ D_N((\hat{\boldsymbol{S}}_2)_{q-1})(\hat{\boldsymbol{H}}_{2r})_q^{\mathrm{T}}D_N(\boldsymbol{G}) \end{bmatrix} \tag{3-72}$$

$$(\widetilde{\boldsymbol{W}}_3)_q = \boldsymbol{I}_{M_2} \odot (\boldsymbol{Z}_n)_q \tag{3-73}$$

其中，

$$(\hat{\boldsymbol{Z}}_n)_q = (\hat{\boldsymbol{H}}_{r1})_q D_n(\boldsymbol{G})\,(\hat{\boldsymbol{H}}_{2r})_q \tag{3-74}$$

在求解过程中，首先对矩阵 $\hat{\boldsymbol{S}}_2$ 和 $\hat{\boldsymbol{H}}_{r1}$ 进行随机初始化。然后，通过 Uni-ALS接收机可以估计出信道矩阵$\{\boldsymbol{H}_{r1}, \boldsymbol{H}_{2r}\}$和符号矩阵 $\boldsymbol{S}_2$，其估计步骤参见算法 3.1。

算法 3.1　半盲 Uni-ALS 接收机算法

步骤 1：设定 $q=0$，随机初始化矩阵$(\hat{\boldsymbol{S}}_2)_0$ 和$(\hat{\boldsymbol{H}}_{r1})_0$。

步骤 2：$q \leftarrow q+1$。

(1) 根据式(3-68)和式(3-69)，可以得出$(\hat{\boldsymbol{h}}_{2r})_q$ 和$(\hat{\boldsymbol{H}}_{r1})_q$：

$$(\hat{\boldsymbol{h}}_{2r})_q = (\widetilde{\boldsymbol{W}}_1)_{q-1}^{\dagger}\,\widetilde{\widetilde{y}}^{(1)},\ (\hat{\boldsymbol{H}}_{r1})_q^{\mathrm{T}} = (\widetilde{\boldsymbol{W}}_2)_q^{\dagger}\,\boldsymbol{Y}^{(1)}.$$

(2) 根据式(3-70)，可以计算$(\hat{\boldsymbol{S}}_n)_q$：

$$(\hat{\boldsymbol{S}}_n)_q = (\widetilde{\boldsymbol{W}}_3)_q^{\dagger}\,\widetilde{\widetilde{y}}_n^{(1)},\ n=1, 2, \cdots, N$$

步骤 3：返回步骤 2，直至收敛。

在算法 3.1 中，步骤 3 的收敛条件是$|\zeta_q - \zeta_{q-1}| \leqslant 10^{-6}$，其中 ζ_q 是第 q 次迭代的重建误差，定义为

$$\zeta_q = \frac{\|\boldsymbol{Y}^{(1)} - (\widetilde{\boldsymbol{W}}_2)(\hat{\boldsymbol{H}}_{r1})_q^{\mathrm{T}}\|_F^2}{\|\boldsymbol{Y}^{(1)}\|_F^2} \tag{3-75}$$

3. 算法分析

半盲估计算法中，可辨识性条件是一个非常重要的问题[19]。系统可辨识的充分必要条件与全列秩条件直接相关，该条件由 LS 代价函数式(3-68)～式(3-70)的最小化所产生的伪逆运算来满足。由式(3-62)、式(3-64)和式(3-66)可知

$$\widetilde{\boldsymbol{y}}^{(1)} = \boldsymbol{W}_1\boldsymbol{h}_{2r},\ \widetilde{\boldsymbol{Y}}^{(1)} = \boldsymbol{W}_2\boldsymbol{H}_{r1}^{\mathrm{T}},\ \widetilde{\boldsymbol{y}}^{(1)} = \boldsymbol{W}_3\boldsymbol{S}_n \tag{3-76}$$

其中，$\boldsymbol{W}_1$、$\boldsymbol{W}_2$ 和 $\boldsymbol{W}_3$ 通过式(3-63)、式(3-65)和式(3-67)定义。假设信道矩

阵具有 $\boldsymbol{H}_{ri}$ 和 $\boldsymbol{H}_{ir}$ 相互独立且同分布的项，且 $\boldsymbol{S}_i$ 和 $\boldsymbol{G}$ 不包含零元素。系统需满足 $\boldsymbol{W}_1$、$\boldsymbol{W}_2$ 和 $\boldsymbol{W}_3$ 满列秩，即

$$P \geqslant M_i,\ \min(M_1,\ M_2) \geqslant M_r \tag{3-77}$$

根据 $\boldsymbol{W}_1$、$\boldsymbol{W}_2$ 和 $\boldsymbol{W}_3$ 的维度，系统可辨识性的必要条件为

$$NM_1M_2 \geqslant M_2M_r,\ NM_2 \geqslant M_r,\ M_1M_2 \geqslant M_2 \tag{3-78}$$

这里假设 $\min(N,\ M_1,\ M_2,\ M_r,\ P) \geqslant 2$，这保证了接收信号 $\mathcal{Y}^{(i)} \in \mathbf{C}^{M_i \times P \times N}$ 和 $\mathcal{X} \in \mathbf{C}^{M_i \times P \times N}$ 的张量结构。

对于 PARATUCK2 模型，假设放大矩阵 $\boldsymbol{G}$ 是范德蒙矩阵，它保证了 $\{\hat{\boldsymbol{H}}_{ri},\ \hat{\boldsymbol{H}}_{ir},\ \hat{\boldsymbol{S}}_i\}$ 的唯一性，仅具有尺度模糊。为满足可识别性条件，需有

$$\hat{\boldsymbol{S}}_i = \boldsymbol{S}_i,\ \hat{\boldsymbol{H}}_{ri}\Delta_{ri}^{-1} = \boldsymbol{H}_{ri},\ \Delta_{ri}^{-1}\hat{\boldsymbol{H}}_{ri} = \boldsymbol{H}_{ir} \tag{3-79}$$

其中，$\Delta_{ri} \in \mathbf{C}^{M_r \times M_r}$ 是复数对角矩阵。利用矩阵的首行已知，可以消除尺度模糊矩阵 Δ_{ri}。

3.3.3 仿真结果及分析

本小节使用蒙特卡罗仿真结果来评估 Uni-ALS 接收机的性能。用户符号使用二进制相移键控进行调制(Binary-Phase Shift Keying，BPSK)。系统参数设置为：$M_1 = 4$，$M_2 = 4$ 和 $M_r = 4$，时间块 $N = 8$，符号周期 $P = 8$。因为 Uni-ALS接收机与符号和信道估计相关，所以可以根据 BER 和信道 NMSE 对性能进行评估。源节点 1 处的 NMSE 可表示为

$$\mathrm{NMSE} = \frac{\dfrac{1}{M}\left\| \boldsymbol{H}_{r1} - \hat{\boldsymbol{H}}_{r1}(m) \right\|_F^2}{\left\| \boldsymbol{H}_{r1} \right\|_F^2} \tag{3-80}$$

其中蒙特卡罗次数 $M=5000$。源节点 2 处的信道估计误差与源节点 1 处的信道估计误差计算方法类似。

图 3.13 给出了两个源节点的 NMSE 性能。从图中可以看出，信道的 NMSE 和信噪比呈线性变化。曲线 $\boldsymbol{H}_{1r}$ 接近曲线 $\boldsymbol{H}_{2r}$，曲线 $\boldsymbol{H}_{r1}$ 接近曲线 $\boldsymbol{H}_{r2}$，这是因为假设源节点 1 和 2 是对称的，所以它们具有相同的估计性能。

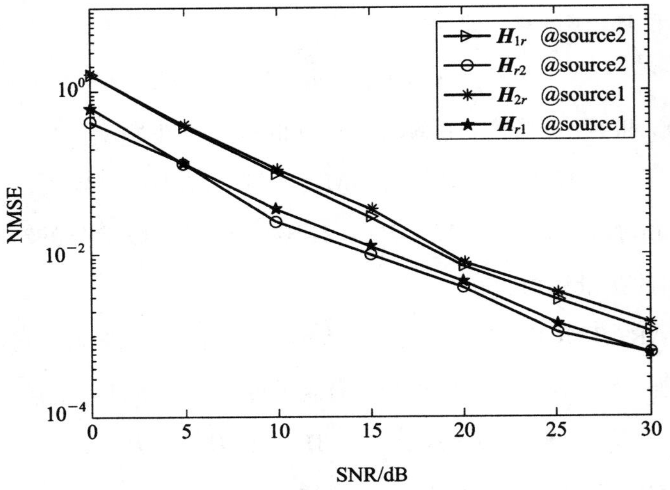

图 3.13 不同接收端的 NMSE 性能比较

图 3.14 绘制了估计的信道矩阵 $\boldsymbol{H}_{r1}$ 和 $\boldsymbol{H}_{2r}$ 在源节点 1 处的 NMSE 性能曲线，该结论也适用于源节点 2 的估计。从图中可以看出，TST 接收机获得的 $\boldsymbol{H}_{r1}$ 的 NMSE 性能优于 Uni-ALS 接收机，$\boldsymbol{H}_{2r}$ 的 NMSE 性能最差。这是因为在 TST 接收机中对信道矩阵 $\boldsymbol{H}_{r1}$ 的估计使用的是训练序列，然而，$\boldsymbol{H}_{2r}$ 的估计值依赖于 $\boldsymbol{H}_{r1}$ 的估计值，产生了累积误差。这个问题在 Uni-ALS 接收机中不存在。与 TST 接收机相比，Uni-ALS 接收机呈现出稳定的 NMSE 结果。

图 3.15 给出了源节点 1 处的 BER 仿真结果，即 $\boldsymbol{S}_2$ 的仿真，因为两个源节点处于相同的仿真条件，所以该仿真具有代表性。由于两个信源上都使用了 ST 编码，所以 Uni-ALS 接收机的误码率性能优于 TST 接收机，该编码可以利用空间分集特性在高散射环境中实现可靠的传输。

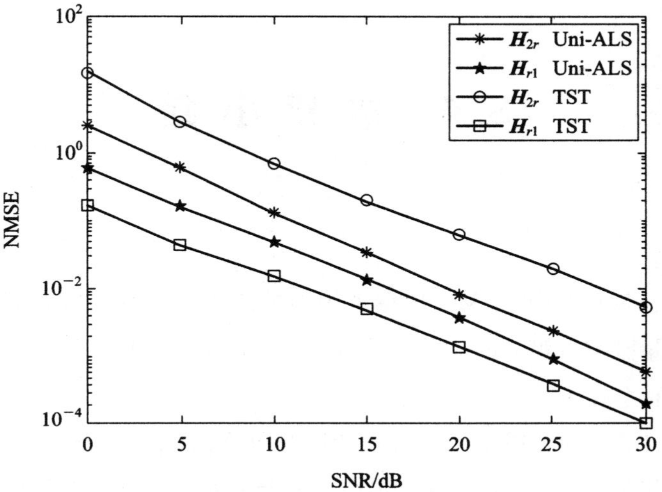

图 3.14　不同算法的 NMSE 性能比较

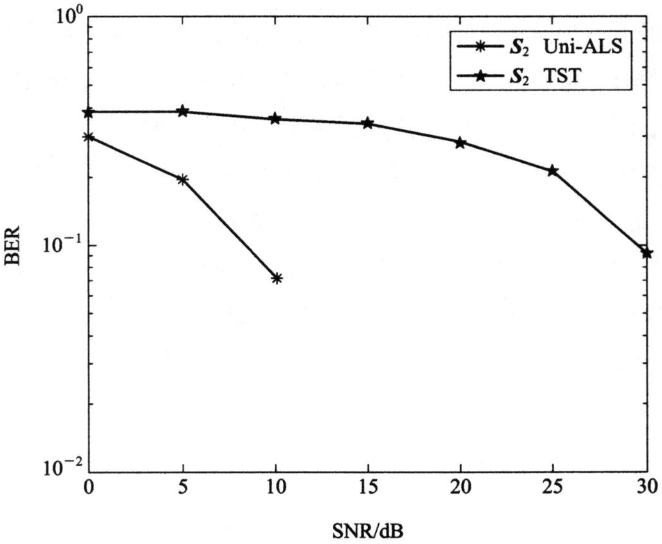

图 3.15　不同算法的 BER 性能比较

3.4 本章小结

本章以张量在双向 MIMO 中继系统中的应用为研究内容，将接收端的信号构造成张量分解模型，设计了信道估计算法，以解决通信系统中的参数估计问题。本章的主要内容可总结如下：

（1）介绍了一种可用于张量的 CCFD 双向 AF 中继系统信道估计方法。该方法由自干扰消除、多维矩阵建模及信道估计三部分组成，无须在中继处进行信道估计，利用张量低秩分解及 SVD 分解特性在用户端估计出所有的 CSI。此方法无须迭代，具有较低的计算复杂度，可适用于灵活的天线配置，并且能够得到中继放大矩阵和导频序列的设计规则，实现了信道和符号的有效恢复。

（2）介绍了一种基于 TUCKER2 模型的信道估计与符号检测方法。该方法无须发送训练序列，在接收端即可有效地估计所有 CSI 和符号矩阵，具有较高的频谱效率。同时，该方法可以扩展到多个中继协同的双向转发系统。

（3）在双向 MIMO AF 中继系统中，源节点接收到的三阶张量信号可构造成 PARATUCK2 模型。本章介绍了一种基于 PARATUCK2 模型的半盲联合交替 Uni-ALS 接收机，用于实现符号和信道的联合估计。与现有的信道接收机相比，该接收机具有更好的 NMSE 和误码率性能，避免了累积误差，仿真结果证明了该方法的有效性。

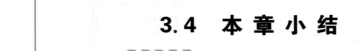

本章参考文献

[1] 韩曦，周迎春，赵欣远，等. CCFD 中继系统中基于多维矩阵的信道估计方法. 华南理工大学学报(自然科学版)，2020，48(1)：133－138,146.

[2] RIIHONEN T，WERNER S，WICHMAN R. Residual self-interference in full-duplex MIMO relays after null-space projection and cancellation. 2010 Conference Record of the Forty Fourth Asilomar Conference on Signals. California，2010.

[3] RIIHONEN T，BALAKRISHNAN A，HANEDA K. Optimal eigenbeamforming for suppressing self-interference in full-duplex MIMO relays. IEEE 45th Annual Conference on Information Sciences and Systems. Baltimore，USA,2011.

[4] KONG T，HUA Y. Optimal design of source and relay pilots for MIMO relay channel estimation. IEEE Transactions on Signal Processing，2011，59 (9):4438－4446.

[5] CHIONG C W R，RONG Y，YONG X. Channel training algorithms for two-way MIMO relay systems. IEEE Transactions on Signal Processing，2013，61 (16)：3988－3998.

[6] FREITAS W D C，FAVIER G，ALEMEIDA A L F. Sequential closed-form semiblind receiver for space-time coded multihop relaying systems. IEEE Signal Processing Letters，2017，24(12)：1773－1777.

[7] FREITAS W D C，FAVIER G，ALEMEIDA A L F. Tensor-based joint channel and symbol estimation for two-way MIMO relaying systems. IEEE Signal Processing Letters，2018，26(2)：227－231.

[8] HEINO M，KORPI D，HUUSARI T. Recent advances in antenna

design and interference cancellation algorithms for in-band full duplex relays. IEEE Communications Magazine, 2015, 53(5): 91 - 101.

[9] KHANDAKER M R A, WONG K K. Joint source and relay optimization for interference MIMO relay networks. EURASIP Journal on Advances in Signal Processing, 2017, 24(1): 1 - 14.

[10] LATHAUWER L, MOOR B D, VANDE WALLE J. A multilinear sigular value decomposition. SIAM Journal on Matrix Analysis and Applications, 2000, 21(4): 1253 - 1278.

[11] HAN X, ALEMEIDA A L F, LIU A. Semiblind receiver for two-way MIMO relaying systems based on joint channel and symbol estimation. IET Communications, 2019, 13(8): 1090 - 1094.

[12] HAARDT M, ROEMER F, GEL G G. Higher-order SVD based subspace estimation to improve the parameter estimation accuracy in multi-dimensional harmonic retrieval problems. IEEE Transaction on Signal Processing, 2008, 56(7): 3198 - 3213.

[13] KOLDA T G, BADER B W. Tensor decompositions and applications. SIAM Review, 2009, 51(3): 455 - 500.

[14] FAVIER G, FERNANDES C A R, ALEMEIDA A L F. Nested tucker tensor decomposition with application to MIMO relay systems using tensor space-time coding. Signal Processing, 2016, 128: 318 - 331.

[15] LIOLION P, VIBERG M. Least-Squares based channel estimation for MIMO relays. 2008 International ITG Workshop on Smart Antennas. Vienna Austria, 2008.

[16] HAN X, ALEMEIDA A L F. Multiuser receiver for joint symbol / channel estimation in dual-hop relaying systems. Wireless Personal Communications, 2015, 83(1): 17 - 33.

[17] PATTEPU S, MUKHERJEE S, DATTA A. Energy efficiency analysis of cooperative relaying with decode-and-forward and amplify-and-forward schemes for wireless sensor networks. 2017 International

Conference on I-SMAC (I-SMAC), Palladam, India,2017.

[18] KUMAR P, MAJHI S, NASSER Y. Analysis of outage performance of opportunistic AF OFDM relaying in Nakagami-m channels. 2016 International Conference on Advances in Computing Communications and Informatics(ICACCI), Jaipur, India,2016.

[19] HAN X, ALMEIDA A L F, YANG Z. Channel estimation for MIMO multi-relay systems using a tensor approach. EURASIP Journal on Advances in Signal Processing, 2014, 163: 1 - 14.

[20] CAVALCANTE I V, ALMEIDA A L F, HAARDT M. Joint channel estimation for three-hop MIMO relaying systems. IEEE Signal Processing Letters, 2015, 22: 2430 - 2434.

[21] ROEMER F, HAARDT M. Tensor-based channel estimation (TENCE) for two-way relaying with multiple antennas and spatial reuse. 2009 IEEE International Conference on Acoustics, Speech and Signal Processing, Taipei, China, 2009.

[22] XIMENES L R, FAVIER G, ALMEIDA A L F. Closed-form semi-blind receiver for MIMO relay systems using double Khatri-Rao space-time coding. IEEE Signal Processing Letters, 2016, 23(3): 316 - 320.

[23] ATTARAN M, ILOW J. Signal alignment in MIMO Y channels with two-way relaying and unicast traffic patterns. 2018 11th International Symposium on Communication Systems, Networks & Digital Signal Processing, Budapest, Hungary, 2018: 1 - 6.

[24] BERGE J M F. Simplicity and typical rank of three-way arrays, with applications to Tucker-3 analysis with simple cores. Journal of Chemometrics, 2004, 18(1): 17 - 21.

[25] WANG C X. Cellular architecture and key technologies for 5G wireless communication networks. IEEE Communications Magazine, 2014, 52 (2): 122 - 130.

[26] JAYASINGHE L K S, RAJATHEVA N, DHARMAWANSA P, et

al. Dual hop MIMO OSTBC communication over rayleigh-rician channel. 2011 IEEE 73rd Vehicular Technology Conference, Yokohama, Japan, 2011.

[27] DAI J, LIU A, LAU V K N. Joint channel estimation and user grouping for massive MIMO systems. IEEE Transactions on Signal Processing, 2019, 67(3): 622-637.

[28] XIMENES L R, FAVIER G, ALMEIDA A L F. Semi-blind receivers for non-regenerative cooperative MIMO communications based on nested PARAFAC modeling. IEEE Transactions on Signal Processing, 2015, 63(18): 4985-4998.

第 4 章
无人机通信系统基于张量的接收机设计

基于无人机(Unmanned Aerial Vehicle，UAV)通信系统的信号处理技术是当今一个快速发展的研究领域，本章针对集群无人机通信过程中存在的移动性强、连接不稳定、导频开销大、计算实时性要求高等方面的挑战性问题，研究基于张量的联合信道估计和信号检测技术。具体方法是：首先，将接收信号建模为与收发端天线数、编码长度和时间帧长度有关联的张量模型；然后，在满足其唯一性分解的条件下，利用基于嵌套 PARAFAC 模型和 PARATUCK2 的半盲信道估计方法，对接收信号进行处理；最后，对算法进行仿真，验证接收机算法的有效性。此外，本章将深入分析所用模型的可辨识条件，推导各参数的取值范围。为了实现无人机通信系统中符号的准确估计，张量模型的低秩分解结果应不存在列模糊，因此，根据系统特性设计了合理的列模糊消除方案。本章的主要内容如下：

(1) 针对集群无人机符号传输问题，使用 MKRST 编码方案将多个无人机信号进行整合预编码后进行发送，中继节点利用对应的协议将预编码信号处理后，转发给目的节点。目的节点接收的信号为编码长度、天线数和时间帧相关的张量模型。通过目的节点构造的多维矩阵模型，使用接收机算法对信道矩阵和信号矩阵进行估计。多次利用 SVD 算法将信号进行解码，得到各个无人机的符号矩阵。将编码与空间分集技术结合，为无人机无线通信开辟了新的维度，为无线通信信道获取提供了有效的解决方案。

(2) 面对无线通信系统中 UAV 监听多用户信息面临的挑战，本章利用广义张量压缩(Generalized Tensor Contraction，GTC)运算，通过两个张量的广义压缩来表示切片乘法，得出数据张量的明确描述，并通过张量模型及其拟合算法监听多用户信号及信道的信息，仿真结果验证了算法的有效性。

4.1　张量模型在集群无人机通信系统中的作用

集群无人机通信系统中，目的节点准确地获得 CSI 是无人机信号检测技术的关键。信道估计算法主要分为非盲估计、全盲估计和半盲估计[1]。非盲估计算法按照特定的步骤估计参数，需要借助参考信号，即导频或训练序列，但参考信号降低了系统的频谱利用率[2]。全盲估计算法主要利用调制信号本身固有的、与具体承载信息比特无关的一些特征，或采用反馈判决的方法实现参数估计，在估计过程中无需训练序列、频谱利用率高，但该类算法复杂度通常较高[3]。半盲估计算法结合了全盲估计和非盲估计两种算法的优点，只需在传输过程中使用较短的训练序列便可完成参数估计，因此得到了广泛的研究[4]。

众多研究学者获取集群无人机通信系统的 CSI 主要使用非盲估计算法，包括自回归方法[5]、基于导频的信道估计方法[6]和基于 CSI 的估计方法[7]。文献[5]提出了一种适用于无人机通信系统的自回归方法，该工作以增加复杂度为代价来改善 CSI 估计的性能。文献[7]提出了基于 CSI 的估计方法，由于成本的增加，该项研究工作较难在实际的通信系统中得到广泛的应用。如今，张量模型分解成为无线通信系统中信道估计和符号检测的有效方法[8-9]。利用张量模型的半盲和全盲估计算法已成功地应用于单向 MIMO 中继系统[10-13]。文献[10]提出了一种基于监督张量模型的 MIMO 中继系统复合信道估计方法，该方法利用了训练序列和放大矩阵的设计规则简化了估计过程。文献[11]考虑了多跳 MIMO 中继场景，并且采用 ALS 算法和 PARAFAC 联合估计信道矩阵。然而，这两种方法都是利用训练序列来估计信道矩阵，降低了频谱效率。文献[12]提出了一种基于空时编码的 PARAFAC 分解盲检测方法。文献[13]使用了与文献[12]相同的正交频分复用系统，并结合时域扩展和空频预编码，提出了一种三线性空-时-频编码方案。不过，在无线通信系统中，对集群无人机协作通信系统的接收技术研究较少。

本章分析了使用 MKRST 编码的单向两跳集群无人机系统，有效整合了多个无人机传输的信号资源。4.2 节介绍了在使用 AF 协议的 UAV 系统中，基于嵌套 PARATUCK2 的 ALS 算法及由此构造的半盲接收机。4.3 节介绍了利用 UAV 对多用户信息进行监听的广义张量压缩模型，该模型通过两个张量的广义压缩来表示切片乘法，推导了张量展开式，使用基于迭代的 LS 算法可以很容易地恢复出监听到的信号。本章无人机通信系统仿真设为载频 5 GHz[14]，从仿真结果可以看出，与文献[15]和[16]等基于训练序列的方法相比，所提接收机避免了使用消耗带宽的训练序列，节省了信道资源。所提出的接收机性能接近于理想的 ZF 接收机[17]，与 TST 接收机[18]相比，具有更好的性能。

4.2 基于编码协作的集群无人机参数估计算法

在无线通信系统参数估计过程中，信道估计通常采用基于导频/训练序列的方法，导频/训练序列带来的额外开销会随着系统天线数目的增加而增大，降低了通信系统的传输效率。近些年来，基于张量模型的信号处理技术在通信领域有了长足的发展，能够根据信号本身固有的多维信息，在不使用或使用少量导频/训练序列的情况下实现对系统参数的准确估计。本节将针对集群无人机通信系统信道估计和符号检测问题，在嵌套 PARAFAC 模型基础上，使用编码协作的集群无人机参数估计算法。其主要步骤是：通过将目的端的接收信号构建成张量模型，在满足唯一性分解的条件下，利用模型拟合得到符号矩阵和信道矩阵，实现集群无人机系统的参数估计。

在两跳无人机通信系统中，信号单向传输，中继节点使用多个 Khatri-Rao 空时编码。根据现有 MIMO 链路的张量结构，基于 ALS 算法介绍了一种基于嵌套 PARAFAC 模型的迭代最小二乘(Nested PARAFAC Alternating Least Squares，NP-ALS)接收机。和文献[18]提出的 TST 接收机相比较，NP-ALS 接收机有更好的性能，并且接近 ZF 接收机。

4.2.1 系统模型

L 个无人机、1 个中继节点和 1 个目的节点组成了单向双跳协同通信系统，系统模型如图 4.1 所示。在该系统中，集群无人机传输的信号经过中继节点编码转发后在目的节点被接收。其中，K、R、M_l 分别表示目的节点、中继节点、第 l 个无人机的天线数量。N_l 是第 l 个无人机发射的符号长度。由于各无人机之间距离较近，速度接近，因此可以将它们视为一个整体。此外，为了简化研究问题，推导过程暂时不考虑噪声。根据文献[19]，由于传播路径的损耗，无人机传输的信号不能直接到达目的节点。同时，假定中继节点以半双工方式工作。

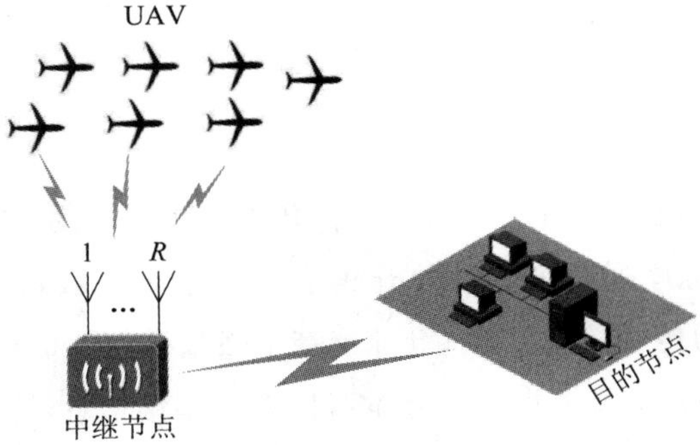

图 4.1 两跳集群无人机通信场景

在单中继节点的集群无人机两跳通信系统中，第 p 个时间帧内，中继节点接收到的信号为

$$\boldsymbol{X}_p^{(sr)} = \boldsymbol{H}^{(sr)} D_p(\mathbf{A}) \boldsymbol{S}^{\mathrm{T}} \in \mathbf{C}^{R \times N} \tag{4-1}$$

其中，$p=1, 2, \cdots, P$。$\boldsymbol{H}^{(sr)} \in \mathbf{C}^{R \times M}$ 表示无人机和中继节点的信道矩阵，$\mathbf{A} \in \mathbf{C}^{R \times M}$ 表示无人机传输信号的编码矩阵，其中 $M = \sum_{l=1}^{L} M_l$。集群无人机传输的信号矩阵 $\boldsymbol{S}$ 是由 L 个符号矩阵 $\boldsymbol{S}_l \in \mathbf{C}^{N_l \times M_l}(l=1, 2, \cdots, L)$ 经过 Khatri-Rao 乘积编码得到，即 $\boldsymbol{S} = \boldsymbol{S}_1 \odot \cdots \odot \boldsymbol{S}_l \odot \cdots \odot \boldsymbol{S}_L = \odot_1^L \boldsymbol{S}_l \in \mathbf{C}^{N \times M}$，其中 $N = \prod_{l=1}^{L} N_l$。

中继节点通过信道矩阵 $\boldsymbol{H}^{(sr)}$ 传输信号，在第 q 个时间帧内，目的节点接收到的信号为

$$\boldsymbol{X}_{q,p}^{(rd)} = \boldsymbol{H}^{(rd)} D_q(\boldsymbol{B}) \boldsymbol{G} \boldsymbol{X}_p^{(sr)} = \boldsymbol{H}^{(rd)} D_q(\boldsymbol{B}) \overline{\boldsymbol{H}}^{(sr)} D_p(\mathbf{A}) \boldsymbol{S}^{\mathrm{T}} \in \mathbf{C}^{K \times N} \tag{4-2}$$

其中，$q=1, 2, \cdots, Q$，$\overline{\boldsymbol{H}}^{(sr)} = \boldsymbol{G}\boldsymbol{H}^{(sr)}$。$\boldsymbol{H}^{(rd)} \in \mathbf{C}^{K \times R}$ 是中继节点和目的节点的信道矩阵，$\boldsymbol{G} \in \mathbf{C}^{R \times R}$ 是中继放大因子矩阵，$\boldsymbol{B} \in \mathbf{C}^{Q \times R}$ 是中继编码矩阵。

4.2.2 嵌套 PARAFAC 建模

根据系统模型，本节将构建嵌套 PARAFAC 模型。由于在目的节点已知

编码信息，求得的因子矩阵不存在排列模糊。根据式(4-1)，在第 P 个时间帧，中继节点接收到的信号可以表示为 $\boldsymbol{X}_p^{(sr)} \in \mathbf{C}^{R\times N}$。把中继节点在 P 个时间帧内接收到的信号矩阵沿着下标 P 的方向进行堆叠，能够得到如图 4.2 所示的三阶张量信号 $\boldsymbol{\mathcal{X}}^{(sr)} \in \mathbf{C}^{R\times N\times P}$。

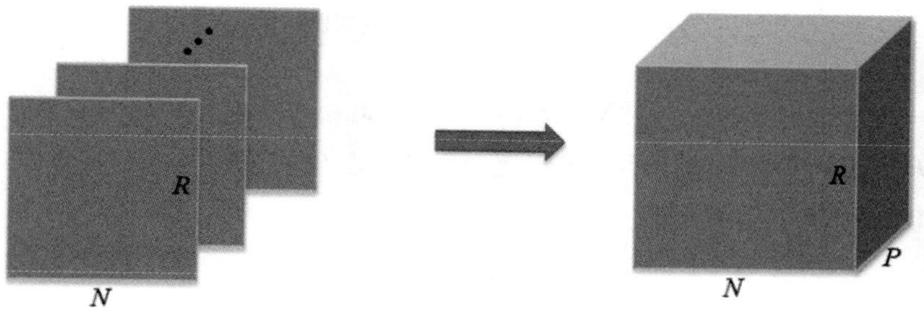

图 4.2　P 个矩阵形成的三阶张量示意图

由式(4-1)可知，在第 $r(r=1, 2, \cdots, R)$ 根天线，第 $n(n=1, 2, \cdots, N)$ 个符号，第 $p(p=1, \cdots, P)$ 个时间帧上的接收信号可以写成

$$x^{(sr)}(r, n, p) = \sum_{m=1}^{M} h^{(sr)}(r, m) s(n, m) a(p, m) \tag{4-3}$$

式(4-3)是 PARAFAC 模型的标量形式，元素 $h^{(sr)}(r, m)$ 是矩阵 $\boldsymbol{H}^{(sr)}$ 中第 r 行第 m 列中的元素，$s(n, m)$、$a(p, m)$ 与此类似。矩阵 $\boldsymbol{H}^{(sr)}$、$\boldsymbol{S}$ 和 $\boldsymbol{A}$ 是 PARAFAC 模型的三个因子矩阵。$\boldsymbol{\mathcal{X}}^{(sr)} \in \mathbf{C}^{R_1\times N\times P}$ 为中继节点接收信号的三阶多维矩阵。考虑 P 时隙信号的水平排列，得到张量 $\boldsymbol{\mathcal{X}}^{(sr)}$ 的模 1 展开：

$$\boldsymbol{X}^{(sr)} = \boldsymbol{H}^{(sr)} (\boldsymbol{A} \odot \boldsymbol{S})^{\mathrm{T}} \in \mathbf{C}^{R\times PN} \tag{4-4}$$

根据式(4-2)，在第 q 个时间帧，目的节点接收到的信号可以表示为 $X_{q,p}^{(r_1 d)} \in \mathbf{C}^{K\times N}$。将中继节点在 Q 个时间帧内接收到的信号矩阵沿着下标 q 的方向进行堆叠，能够得到如图 4.3 所示的四阶张量信号 $\boldsymbol{\mathcal{X}}^{(r_1 d)} \in \mathbf{C}^{K\times N\times P\times Q}$。

由式(4-2)可知，在第 $k(r=1, 2, \cdots, K)$ 根天线，第 $n(n=1, 2, \cdots, N)$ 个符号，第 $q(q=1, 2, \cdots, Q)$ 个时间帧上的接收信号可以写成

$$x^{(rd)}(r, n, p, q) = \sum_{r=1}^{R} \sum_{m=1}^{M} h^{(rd)}(k, r) h^{(sr)}(r, m) s(n, m) a(p, m) b(q, r) \tag{4-5}$$

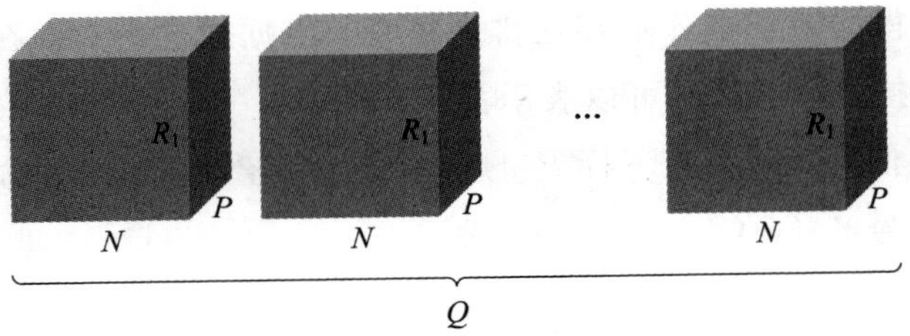

图 4.3 Q个三阶张量形成四阶张量

式(4-5)是 nested PARAFAC 模型的标量形式，元素 $h^{(rd)}(k, r)$是矩阵 $\boldsymbol{H}^{(rd)}$ 中第 k 行第 r 列的元素，$b(q, r)$与此类似。考虑 Q 时隙信号的垂直排列，得到张量$\mathcal{X}^{(rd)}$的模 1 展开：

$$\boldsymbol{X}^{(rd)} = \boldsymbol{B} \odot \boldsymbol{H}^{(rd)} [\boldsymbol{H}^{(sr)} (\boldsymbol{A} \odot \boldsymbol{S})^{\mathrm{T}}] \in \mathbf{C}^{QK \times PN} \tag{4-6}$$

式(4-6)的张量$\mathcal{X}^{(rd)}$对应嵌套 PARAFAC 模型。为了方便表示，使用$\mathcal{U}$和$\mathcal{V}$分别表示 P 个符号周期的内部张量和 Q 个符号周期的外部张量。它们的模 1 展开分别是

$$\boldsymbol{U}_1 = [\boldsymbol{I}_{3,m} \times \boldsymbol{H}^{(sr)} \times_2 \boldsymbol{A} \times_3 \boldsymbol{S}]_{(1)} = \boldsymbol{H}^{(sr)} (\boldsymbol{A} \odot \boldsymbol{S})\mathrm{T} \tag{4-7}$$

$$\mathbf{V}_1 = [I_{3,m} \times_1 \boldsymbol{U}_1 \times_2 \boldsymbol{B} \times_3 \boldsymbol{H}^{(rd)}]_{(1)} = (\boldsymbol{B} \odot \boldsymbol{H}^{(rd)}) \boldsymbol{U}_1 \tag{4-8}$$

矩阵 $\boldsymbol{H}^{(rd)}$、$\boldsymbol{U}_1$ 和 $\boldsymbol{B}$ 分别是 nested PARAFAC 模型的三个因子矩阵。根据 PARAFAC 模型分解唯一性定理[20]，对式(4-8)进行 PARAFAC 分解得到唯一的 $\boldsymbol{H}^{(rd)}$ 和 $\boldsymbol{U}_1$，其三个因子矩阵的 k 秩需满足：

$$k_{\boldsymbol{H}^{(rd)}} + k_{\boldsymbol{U}_{(1)}} + k_{\boldsymbol{B}} \geqslant 2R + 2 \tag{4-9}$$

其中，$k_{\boldsymbol{H}^{(rd)}}$、$k_{\boldsymbol{U}_{(1)}}$ 和 $k_{\boldsymbol{B}}$ 分别是矩阵 $\boldsymbol{H}^{(rd)}$、$\boldsymbol{U}_1$ 和 $\boldsymbol{B}$ 的 k 秩。

同理，对式(4-7)进行 PARAFAC 分解得到唯一的 $\boldsymbol{H}^{(rd)}$ 和 $\boldsymbol{S}$，因子矩阵的 k 秩需满足：

$$k_{\boldsymbol{H}^{(sr)}} + k_{\boldsymbol{S}} + k_{\boldsymbol{A}} \geqslant 2M + 2 \tag{4-10}$$

其中，$k_{\boldsymbol{H}^{(sr)}}$、$k_{\boldsymbol{S}}$ 和 $k_{\boldsymbol{A}}$ 分别是矩阵 $\boldsymbol{H}^{(sr)}$、$\boldsymbol{S}$ 和 $\boldsymbol{A}$ 的 k 秩。

假定 $\boldsymbol{S}$、$\boldsymbol{A}$ 和 $\boldsymbol{B}$ 均满 k 秩，$\boldsymbol{H}^{(sr)}$ 和 $\boldsymbol{H}^{(rd)}$ 为随机矩阵，则 PARAFAC 模型的三个因子矩阵均满 k 秩。式(4-9)、式(4-10)可分别表示为

$$\min(K, R) + \min(PN, R) + \min(Q, R) \geqslant 2R + 2 \tag{4-11}$$

$$\min(R, M) + \min(N, M) + \min(P, M) \geqslant 2M + 2 \tag{4-12}$$

此时，PARAFAC 分解模型存在尺度模型和排列模糊，对于第一个 PARAFAC 模型(第二个 PARAFAC 模型同理)有

$$\boldsymbol{H}^{(sr)} = \boldsymbol{H}^{(sr)}\boldsymbol{\Pi}\Delta_1, \boldsymbol{A} = \boldsymbol{A}\boldsymbol{\Pi}\Delta_2, \boldsymbol{S} = \boldsymbol{S}\boldsymbol{\Pi}\Delta_3 \tag{4-13}$$

其中，$\boldsymbol{\Pi}\in\mathbf{C}^{M\times M}$是列模糊矩阵，$\Delta_i\in\mathbf{C}^{M\times M}(i=1, 2, 3)$是尺度模糊矩阵，并有$\Delta_1\Delta_2\Delta_3=I\in\mathbf{C}^{M\times M}$。

半盲接收机中，编码矩阵 $\boldsymbol{A}$ 已知且列满秩，所以无须考虑列模糊。为了减少尺度模糊的影响，将所有无人机在第一个时隙发送的符号固定为 1，即设置矩阵 $\boldsymbol{S}$ 的第一行元素为 1，可解决 PARAFAC 模型中尺度模糊问题，即

$$\Delta_3 = D_1(\boldsymbol{S})\,(D_1(\boldsymbol{S}))^{-1} \tag{4-14}$$

由此可见，只要设置合理的符号数及时隙数，即可得到唯一的信道矩阵。

4.2.3 接收机算法设计

1. NP-ALS 接收机算法设计

PARAFAC 分解的三个因子矩阵的估计，一般是通过最小化以下非线性二次代价函数来实现的

$$f(\boldsymbol{H}^{(rd)}, \boldsymbol{U}_1, \boldsymbol{B}) = \left\| v - \sum_{r=1}^{(rd)} \boldsymbol{H}_{.r}^{(rd)} \circ (\boldsymbol{U}_1)_{.r} \circ \boldsymbol{B}_{.r} \right\| \tag{4-15}$$

$$f(\boldsymbol{H}^{(sr)}, \boldsymbol{S}, \boldsymbol{A}) = \left\| u - \sum_{M=1}^{M} \boldsymbol{H}_{.m}^{(sr)} \circ \boldsymbol{S}_{.m} \circ \boldsymbol{A}_{.m} \right\| \tag{4-16}$$

ALS 算法是最小化代价函数的经典方法。它是一种迭代算法，交替进行各个因子矩阵估计值。本节利用 ALS 算法将一个非线性优化问题转化为两个独立的线性最小二乘问题，每个迭代由两个最小二乘估计步骤组成。在每个步骤中，一个因子矩阵利用另外的因子矩阵得到更新。该算法基于展开矩阵 $\boldsymbol{U}_1$ 和 $\boldsymbol{V}_1$ 的 Khatri-Rao 分解，使用 NP-ALS 接收机来估计系统参数，估计步骤见算法 4.1。这个接收机包括两个步骤：在第一步中，使用基于 ALS 算法的嵌套 PARAFAC 模型来估计参数；在第二步中，使用 SVD 算法来估计各个无人机的符号矩阵。

算法 4.1 NP-ALS 接收机算法

步骤 1：联合估计 $\boldsymbol{H}^{(rd)}$，$\boldsymbol{H}^{(sr)}$，$\boldsymbol{S}$；

(1) 设 $i=0$；随机初始化 $\boldsymbol{H}^{(rd)}$；

(2) $i \leftarrow i+1$；

(3) 使用式(4.8)获得 $\boldsymbol{U}_1$ 和 $\boldsymbol{H}^{(rd)}$ 的估计值；

(4) 重复步骤(2)、(3)，直到达到收敛条件；

(5) 移除估计值 $\boldsymbol{U}_1$ 和 $\boldsymbol{H}^{(rd)}$ 的尺度模糊；

(6) 重设 $i=0$；随机初始化 $\boldsymbol{H}^{(sr)}$；

(7) $i \leftarrow i+1$；

(8) 使用式(4.7)获得 $\boldsymbol{S}$ 和 $\boldsymbol{H}^{(sr)}$ 的估计值；

(9) 重复步骤(7)、(8)，直到达到收敛条件；

步骤 2：使用 SVD 算法从矩阵 $\boldsymbol{S}$ 中估计出各个无人机的信号 $\boldsymbol{S}_l$。

第 i 次迭代收敛是在本次张量展开和从估计因子矩阵得到的重构张量展开之间的误差没有显著变化时实现的。第 i 次迭代的测量误差可由以下公式计算：

$$\Phi_{(i)} = \|\boldsymbol{V}_1 - (\boldsymbol{B} \odot \boldsymbol{H}_{(i)}^{(rd)})(\boldsymbol{U}_1)_{(i)}\|_F \tag{4-17}$$

$$\varphi_{(i)} = \|\boldsymbol{U}_1 - \boldsymbol{H}_{(i)}^{(sr)}(\boldsymbol{A} \odot \boldsymbol{S}_{(i)})^{\mathrm{T}}\|_F \tag{4-18}$$

此外，该算法的收敛速度可能会陷入“沼泽”区域，为了防止算法收敛到局部最小值，通常做法是施加一个最小的可接受的误差值，超过这个值就认为还没有达到全局收敛。当 $\|\Phi_{(i+1)} - \Phi_{(i)}\| < \delta$ 和 $\|\varphi_{(i+1)} - \varphi_{(i)}\| < \delta$ 时，可以认为第 i 次得到了收敛。其中，δ 是规定的阈值，如 $\delta = 10^{-8}$。

2. 算法复杂度分析

本节考虑算法最终收敛时所需的运算次数来分析算法复杂度。算法复杂度主要和计算 Khatri-Rao 乘积、SVD 分解有关。对于 $\boldsymbol{A} \in \mathbf{C}^{M \times N}$、$\boldsymbol{B} \in \mathbf{C}^{P \times N}$、$\boldsymbol{C} \in \mathbf{C}^{K \times N}$，形如 $\boldsymbol{Y} = (\boldsymbol{A} \odot \boldsymbol{B})\boldsymbol{C}^{\mathrm{T}}$ 的算法复杂度为 MPN^2。对于 $\boldsymbol{A} \odot \boldsymbol{B}$，SVD 分解的算法复杂度为 $MP\min(M, P)$。

本节所提算法包含两个部分：第一部分是模型分解迭代求解，复杂度为

MPN^2；第二部分是利用 SVD 分解对无人机信号进行解码，复杂度为 KR^2。所提接收机算法的整体复杂度为 MPN^2+KR^2。

4.2.4 仿真结果及分析

为了验证所提算法的性能，利用 Matlab 进行蒙特卡罗仿真，对 NP-ALS、TST 和 ZF 三种接收机的性能进行了比较。仿真使用实验室服务器进行，在 Windows 7 操作系统下，配置 2.6 GHz 英特尔处理器和 4 GB 内存。根据提供的数值仿真结果，通过 BER 和 NMSE 证明所提接收机的性能。

在满足可辨识性条件的情况下，本节分析了 $L=3$，$M=3$，$N_1=8$，$N_2=4$，$N_3=2$，$R_1=4$，$P=4$，$Q=5$ 以及 $K=8$ 时各个接收机的性能。在无线通信过程中，使用 BPSK 调制的传输符号，并根据 SNR 产生噪声功率。图 4.4 显示了使用 KRST 预编码的每个 $\boldsymbol{S}_l$ 的 BER 性能。可以看出，各个 $\boldsymbol{S}_l$ 的误码率相接近，但也有一些差别，其中，$\boldsymbol{S}_3$ 的误码率性能最好，其次是 $\boldsymbol{S}_2$ 和 $\boldsymbol{S}_1$。

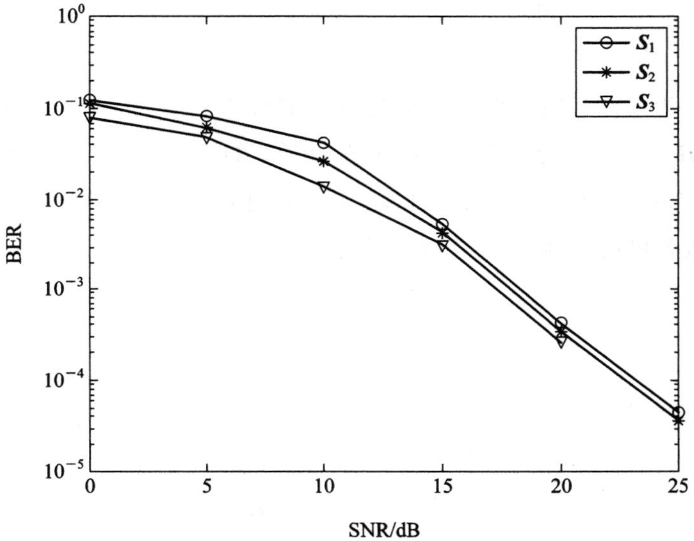

图 4.4　单个 $\boldsymbol{S}$ 时误码率

图 4.5 为所提 NP-ALS 接收机和另外两种接收机误码率性能比较，由图中可知，三种估计算法的误码率随信噪比增加而减小。NP-ALS 接收机性能优于 TST 接收机，且与具有理想 CSI 的 ZF 接收机性能接近，因此 NP-ALS 算法有着较高的估计精度。

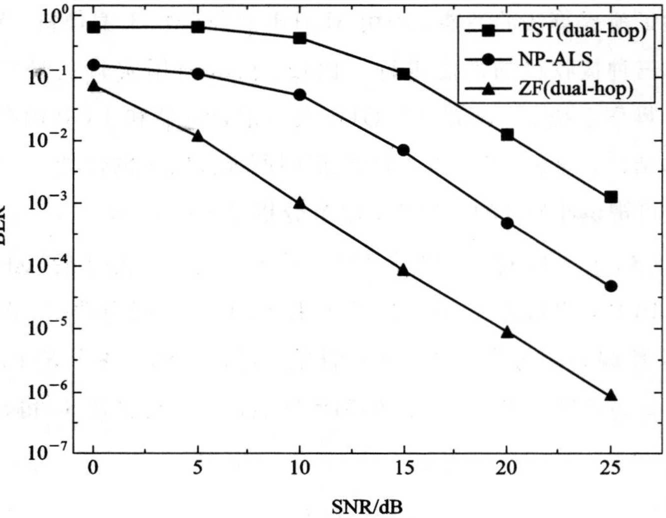

图 4.5　不同接收机误码率检测性能比较

图 4.6 为不同接收机信道估计的 NMSE 性能。在该图中，TST 接收机具有更好的 $\boldsymbol{H}^{(rd)}$ 估计性能。但是，由于累积误差的影响，TST 接收机在后续估计信道 $\boldsymbol{H}^{(sr)}$ 时，性能严重下降。可以看出，在进行信道估计时，相同信噪比下 NP-ALS 接收机比两跳 TST 接收机具有显著优势。

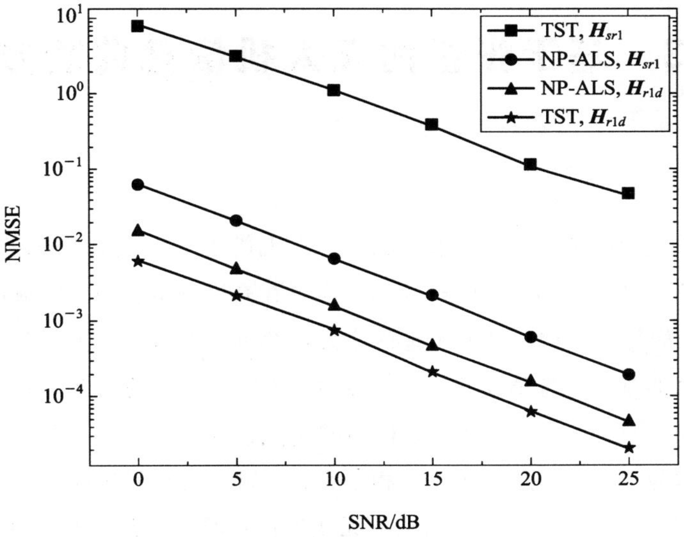

图 4.6　不同接收机信道估计性能比较

4.3 基于张量的无人机信息监听方法

作为现代无线通信的关键技术之一，在现代战争，尤其是在恶劣的战场环境中，UAV 承担着重要的任务。UAV 需要在高空获取信息，完成巨大的情报传输任务，如传输图像、视频和遥感等大量数据。当然，这些功能都是在准确地获取信息的基础上才能实现的，所以对 UAV 监听到的信息进行准确恢复具有极其重要的意义。目前，这方面相关的文献还比较少，本节将信号检测、参数估计技术与 UAV 信息监听技术相结合，介绍了基于张量的信息监听方法。

文献[21]在具有时变衰落信道的无线通信环境中，提出了一种基于训练序列的信号获取方法，但该方法频谱利用率低。文献[22]提出了一种半盲信号估计算法，但需要一些先验信息才能更有效地获得信号信息。文献[23]提出了一种基于 Homotopy 算法的信号获取方法，通过对 Homotopy 方程的解向量采用逐级展开来逼近真实值，但该方法需要已知辅助矩阵，存在局限性。为了避免上述问题，基于张量的方法被广泛使用，在不需要训练序列和先验信息的前提下实现信号的盲检测。文献[24]提出了一种约束双线性 ALS 算法，有效地估计了多个单天线用户通信系统中的信号。文献[25]研究了一种基于 PARAFAC 模型的非迭代检测方法，以降低计算复杂度，但对各参数的取值范围有一定的局限性。上述方法都是将接收端信号按照发送子块进行排序，导出 Khatri-Rao 乘积，并没有清晰地显示张量结构，在更高阶张量的表示和推导上具有一定难度。为了使基于张量的方法在处理高阶数据时更灵活，文献[26]引入了广义张量压缩运算来表示两个高阶张量在相同模上的内积，这种张量表示利用了两个张量之间的广义收缩，实现分段乘法，可以揭示完整的张量结构。文献[27]利用这种方法在两跳 MIMO 中继系统中构造 PARAFAC 模型，并利用 ALS 迭代算法和截断的高阶奇异值分解算法进行符号和信道的估计，但该方法只适用于单用户多天线系统，现实场景中的通信多为两个及以上用户系统。

本节分析了一个单向的两用户多天线 MIMO 通信系统，UAV 设置在基站节点和目的节点之间，同时监听两个基站处理后的发送信息。源端利用 KRST 编码矩阵进行编码操作，引入时间冗余，并且提高了传输的可靠性。基站放大并转发用户发送的信息，UAV 端将监听到的信息利用 GTC 模型构建高阶张量模型，再利用 GTC 模型的性质[28]推导出张量模展开式，使用基于迭代的 LS 算法恢复出监听到的信号。该方法简称为 GTC-LS 算法，可以扩展到多用户信息监听场景[17]。

4.3.1　系统模型

在两用户 MIMO 无线通信 UAV 信息监听系统中，设系统信道矩阵和噪声矩阵中的元素是均值为 0、方差为 1 的独立同分布复高斯随机变量，并且考虑信道频率平坦衰落。如图 4.7 所示，两个用户在基站的协助下向目的节点发送信息，UAV 设置在基站与目的节点之间，同时监听来自两个基站处理过的用户发送的信息。其中，用户节点、基站以及 UAV 分别配置 $M_{Si}(i=1, 2)$、$M_{Bi}(i=1, 2)$和 M_F 根天线，用户节点到基站和基站到 UAV 的 CSI 分别用 $\boldsymbol{H}_{1i}\in\mathbf{C}^{M_{Bi}\times M_{Si}}(i=1, 2)$和 $\boldsymbol{H}_{2i}\in\mathbf{C}^{M_F\times M_{Bi}}(i=1, 2)$表示。

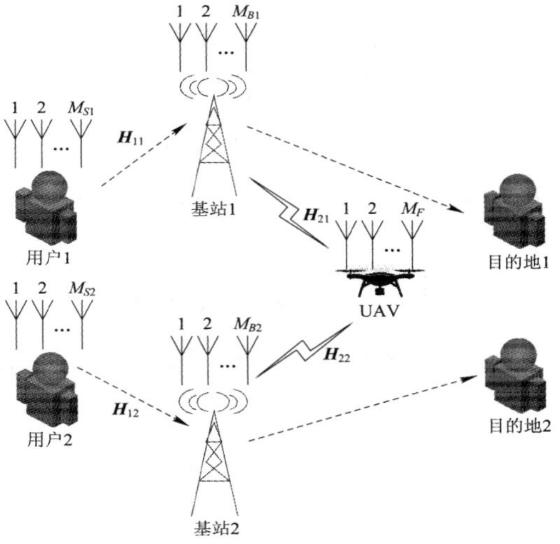

图 4.7　UAV 信息监听模型图

两用户 N 个时隙内所发送的信号矩阵分别用 $\boldsymbol{S}_1 \in \mathbf{C}^{N\times M_{S1}}$ 和 $\boldsymbol{S}_2 \in \mathbf{C}^{N\times M_{S2}}$ 表示，并且源节点的 KRST 编码矩阵分别是 $\boldsymbol{C}_1 \in \mathbf{C}^{P\times M_{S1}}$ 和 $\boldsymbol{C}_2 \in \mathbf{C}^{P\times M_{S2}}$，$P$ 是编码长度。两个基站的放大矩阵为 $\boldsymbol{G}_1 \in \mathbf{C}^{J\times M_{B1}}$ 和 $\boldsymbol{G}_2 \in \mathbf{C}^{J\times M_{B2}}$，编码长度为 J，假设通信过程中目的节点已知编码矩阵和放大矩阵。用户 1 发送信号给基站 1 时，UAV 获取的来自基站 1 处理后的信号表达式为

$$\widetilde{\boldsymbol{Y}}_{j,p}^{1} = \boldsymbol{H}_{21} D_j(\boldsymbol{G}_1) \boldsymbol{H}_{11} D_p(\boldsymbol{C}_1) \boldsymbol{S}_1^{\mathrm{T}} + \boldsymbol{N}_1 \in \mathbf{C}^{M_F\times N} \tag{4-19}$$

同样，用户 2 发送一个符号给基站 2 时，UAV 获取的来自基站 2 处理后的信号表达式为

$$\widetilde{\boldsymbol{Y}}_{j,p}^{2} = \boldsymbol{H}_{22} D_j(\boldsymbol{G}_2) \boldsymbol{H}_{12} D_p(\boldsymbol{C}_2) \boldsymbol{S}_2^{\mathrm{T}} + \boldsymbol{N}_2 \in \mathbf{C}^{M_F\times N} \tag{4-20}$$

其中，$\widetilde{\boldsymbol{Y}}_{j,p}^{1}$ 和 $\widetilde{\boldsymbol{Y}}_{j,p}^{2}$ 表示获取到的含有噪声的信号。$\boldsymbol{N}_1$、$\boldsymbol{N}_2$ 分别是用户节点和基站节点的高斯白噪声矩阵。不考虑噪声的情况下，UAV 获取到的信号可写为

$$\begin{aligned}
\boldsymbol{Y}_{j,p} &= \boldsymbol{Y}_{j,p}^{1} + \boldsymbol{Y}_{j,p}^{2} \\
&= \boldsymbol{H}_{21} D_j(\boldsymbol{G}_1) \boldsymbol{H}_{11} D_p(\boldsymbol{C}_1) S_1^{\mathrm{T}} + \boldsymbol{H}_{22} D_j(\boldsymbol{G}_1) \boldsymbol{H}_{12} D_p(\boldsymbol{C}_1) \boldsymbol{S}_2^{\mathrm{T}} \\
&= \underbrace{\begin{bmatrix} \boldsymbol{H}_{21} & \boldsymbol{H}_{22} \end{bmatrix}}_{\boldsymbol{H}_2} \underbrace{\begin{bmatrix} D_j(\boldsymbol{G}_1) & 0 \\ 0 & D_j(\boldsymbol{G}_1) \end{bmatrix}}_{D(\boldsymbol{G})} \underbrace{\begin{bmatrix} \boldsymbol{H}_{11} & 0 \\ 0 & \boldsymbol{H}_{12} \end{bmatrix}}_{\boldsymbol{H}_1} \underbrace{\begin{bmatrix} D_p(\boldsymbol{C}_1) & 0 \\ 0 & D_p(\boldsymbol{C}_1) \end{bmatrix}}_{D(\boldsymbol{C})} \underbrace{\begin{bmatrix} \boldsymbol{S}_1^{\mathrm{T}} \\ \boldsymbol{S}_2^{\mathrm{T}} \end{bmatrix}}_{\boldsymbol{S}^{\mathrm{T}}} \\
&= \boldsymbol{H}_2 D_j(\boldsymbol{G}) \boldsymbol{H}_1 D_p(\boldsymbol{C}) \boldsymbol{S}^{\mathrm{T}}
\end{aligned} \tag{4-21}$$

其中，$\boldsymbol{S} \in \mathbf{C}^{N\times(M_{S1}+M_{S2})}$ 表示来自两个用户的信号矩阵，$\boldsymbol{H}_1 \in \mathbf{C}^{(M_{B1}+M_{B2})\times(M_{S1}+M_{S2})}$ 和 $\boldsymbol{H}_2 \in \mathbf{C}^{M_F\times(M_{B1}+M_{B2})}$ 分别表示用户节点到基站和基站到 UAV 的联合信道，$\boldsymbol{C} \in \mathbf{C}^{P\times(M_{S1}+M_{S2})}$ 和 $\boldsymbol{G} \in \mathbf{C}^{J\times(M_{B1}+M_{B2})}$ 分别是整体编码矩阵和整体放大矩阵。

由第 2 章张量模型的相关知识和式(4-21)可得 UAV 获取的信号张量 $\mathcal{Y}$ 的切片展开，可写为

$$[\mathcal{Y}]_{(1)} = \boldsymbol{G} \odot \boldsymbol{H}_2 [\boldsymbol{H}_1 (\boldsymbol{C} \odot \boldsymbol{S})^{\mathrm{T}}] \tag{4-22}$$

式(4-22)构成了嵌套 PARAFAC 模型，$\boldsymbol{H}_1(\boldsymbol{C}\odot\boldsymbol{S})^{\mathrm{T}}$ 为基站接收到的张量 $\mathcal{X}$ 的切片展开式，并有

$$[\mathcal{X}]_{(1)} = \boldsymbol{H}_1 (\boldsymbol{C} \odot \boldsymbol{S})^{\mathrm{T}} = [\mathcal{I}_{3,(M_{S1}+M_{S2})} \times_1 \boldsymbol{H}_1 \times_2 \boldsymbol{C} \times_3 \boldsymbol{S}]_{(1)} \tag{4-23}$$

其中，$\mathcal{X} \in \mathbf{C}^{(M_{B1}+M_{B2})\times P\times N}$。UAV 获取的信号张量 $\mathcal{Y}$ 表达式可写为

$$\mathcal{Y} = \mathcal{I}_{3,(M_{B1}+M_{B2})} \times_1 \boldsymbol{H}_2 \times_2 \boldsymbol{G} \times_3 \mathcal{X} \tag{4-24}$$

其中，$\mathcal{I}_{3,(M_{B1}+M_{B2})}\in\mathbf{C}^{(M_{B1}+M_{B2})\times(M_{B1}+M_{B2})\times(M_{B1}+M_{B2})}$是三阶单位张量。

4.3.2 信息监听算法设计

1. 广义张量压缩建模

在用户节点处，将第 n 个编码数据流的第 p 个码元重复分配给两个用户的第 $m(m\in[1,(M_{S1}+M_{S2})])$根天线，得到发送信号的标量表达式：

$$s_{m,n,p}=c_{p,m}s_{n,m} \tag{4-25}$$

其中，$c_{p,m}$是整体编码矩阵$\boldsymbol{C}\in\mathbf{C}^{P\times(M_{S1}+M_{S2})}$中对应的元素，$s_{n,m}$是两用户的信号矩阵 $\boldsymbol{S}\in\mathbf{C}^{N\times(M_{S1}+M_{S2})}$ 中对应的元素。$s_{m,n,p}$ 对应的三阶张量是 $\mathcal{S}\in\mathbf{C}^{(M_{S1}+M_{S2})\times P\times N}$，包含了已编码的用户发送的信号。假设理想状态无噪时，信号通过信道$\boldsymbol{H}_1$ 传输到达基站，此时，基站接收到的信号标量表示为

$$x_{m_B,p,n}=\sum_{m=1}^{M_{S1}+M_{S2}}h^1_{m_B,m}s_{m,n,p} \tag{4-26}$$

式(4-26)对应式(4-23)中的张量$\mathcal{X}$，满足 PARAFAC 分解模型。UAV 获取的基站处理后的信号标量表示为

$$\begin{aligned}y_{m_F,j,p,n}&=\sum_{m_B=1}^{M_{B1}+M_{B2}}h^2_{m_F,m_B}g_{j,m_B}x_{m_B,p,n}\\&=\sum_{m_B=1}^{M_{B1}+M_{B2}}\sum_{m=1}^{M_{S1}+M_{S2}}h^2_{m_F,m_B}g_{j,m_B}h^1_{m_B,m}c_{p,m}s_{n,m}\\&=\sum_{m=1}^{M_{S1}+M_{S2}}h_{m_F,j,m}c_{p,m}s_{n,m}\end{aligned} \tag{4-27}$$

其中，$h_{m_F,j,m}=\sum_{m_B=1}^{M_{B1}+M_{B2}}h^2_{m_F,m_B}g_{j,m_B}h^1_{m_B,m}$ 满足张量 $\mathcal{H}\in\mathbf{C}^{M_F\times J\times(M_{S1}+M_{S2})}$ 的 PARAFAC 模型标量形式，可以将张量$\mathcal{H}$看作该通信系统中的有效信道张量。同时，$y_{m_F,j,p,n}$ 对应 UAV 获取的四阶信号张量$\mathcal{Y}\in\mathbf{C}^{M_F\times J\times P\times N}$。

根据第 2 章广义张量压缩相关理论，UAV 获取到的信号张量表达式可以写为信号张量$\mathcal{S}$和系统有效信道张量$\mathcal{H}$两个张量的广义压缩形式：

$$\mathcal{Y}=\mathcal{H}\bullet^1_3\mathcal{S}+\mathcal{N}=\mathcal{Y}_0+\mathcal{N} \tag{4-28}$$

根据 PARAFAC 分解模型，用户发送的信号张量$\mathcal{S}$可以写为以下形式：

$$\mathcal{S} = \mathcal{I}_{3,(M_{s1}+M_{s2})} \times_1 \boldsymbol{I}_{2,(M_{s1}+M_{s2})} \times_2 \boldsymbol{C} \times_3 \boldsymbol{S} \tag{4-29}$$

由广义张量压缩性质，可以得到信号张量$\mathcal{S}$的广义张量模展开式：

$$[\mathcal{S}]_{([1],[2,3])} = \boldsymbol{I}_{2,(M_{s1}+M_{s2})}(\boldsymbol{S}\odot\boldsymbol{C})^{\mathrm{T}} \in \mathbf{C}^{(M_{S1}+M_{S2})\times PN} \tag{4-30}$$

同理，系统有效信道张量$\mathcal{H}$的广义张量模展开式为

$$\begin{aligned}[\mathcal{H}]_{([1,2],[3])} &= (\boldsymbol{G}\odot\boldsymbol{H}_2)((\boldsymbol{H}_1)^{\mathrm{T}})^{\mathrm{T}} \\ &= (\boldsymbol{G}\odot\boldsymbol{H}_2)\boldsymbol{H}_1 \in \mathbf{C}^{M_F J\times(M_{S1}+M_{S2})}\end{aligned} \tag{4-31}$$

根据以上推导及广义张量压缩性质，可得到获取的四阶信号张量$\mathcal{Y}$的切片展开式：

$$\begin{aligned}[\mathcal{Y}]_{([1,2][3,4])} &= [\mathcal{H}]_{([1,2],[3])}[\mathcal{S}]_{([1],[2,3])} \\ &= [(\boldsymbol{G}\odot\boldsymbol{H}_2)\boldsymbol{H}_1](\boldsymbol{S}\odot\boldsymbol{C})^{\mathrm{T}} \in \mathbf{C}^{M_F J\times PN}\end{aligned} \tag{4-32}$$

类似式(4-30)和式(4-31)，可以得出$\mathcal{S}$和$\mathcal{H}$的另外两种广义张量展开式，进而得到信号张量$\mathcal{Y}$的另外两种模展开式：

$$[\mathcal{Y}]_{([1,3,4],[2])} = \{\boldsymbol{H}_2\odot[\boldsymbol{H}_1(\boldsymbol{S}\odot\boldsymbol{C})^{\mathrm{T}}]^{\mathrm{T}}\}\boldsymbol{G}^{\mathrm{T}} \tag{4-33}$$

$$[\mathcal{Y}]_{([3,4,2],[1])} = \{[\boldsymbol{H}_1(\boldsymbol{S}\odot\boldsymbol{C})^{\mathrm{T}}]^{\mathrm{T}}\odot\boldsymbol{G}\}\boldsymbol{H}_2^{\mathrm{T}} \tag{4-34}$$

目标函数表达式可以写为

$$\varphi = \|[\tilde{\mathcal{Y}}]_{([1,2],[3,4])} - [(\boldsymbol{G}\odot\hat{\boldsymbol{H}}_2)\hat{H}_1](\hat{\boldsymbol{S}}\odot\boldsymbol{C})^{\mathrm{T}}\|_F^2 \tag{4-35}$$

其中，$\tilde{\mathcal{Y}}$是含噪声的信号张量。

2. 信息监听算法流程

根据上文推导及分析，在得到信号张量$\tilde{\mathcal{Y}}$的切片展开式后，利用 LS 算法对 UAV 获取到的信号参数进行恢复，算法流程见算法 4.2。

算法 4.2 信息监听算法具体流程

步骤 1：设置 $n=0$，随机初始化 $\hat{\boldsymbol{S}}^{(0)}$、$\hat{\boldsymbol{H}}_1^{(0)}$ 和 $\hat{\boldsymbol{H}}_2^{(0)}$。
步骤 2：$n=n+1$。
步骤 3：根据式(4-32)，计算 $$\hat{\boldsymbol{S}}^{(n)}\odot\boldsymbol{C}=\{[(\boldsymbol{G}\odot\hat{\boldsymbol{H}}_2^{(n-1)})\hat{\boldsymbol{H}}_1^{(n-1)}]^{\dagger}[\mathcal{Y}]_{([1,2],[3,4])}\}^{\mathrm{T}}$$
步骤 4：由于 $\boldsymbol{C}$ 已知，根据 Khatri-Rao 积的逆运算计算 $\hat{\boldsymbol{S}}^{(n)}$。
步骤 5：根据式(4-33)，推导式如下 $$[\tilde{\mathcal{Y}}]_{([1,3,4],[2])}(\boldsymbol{G}^{\mathrm{T}})^{\dagger}=\hat{\boldsymbol{H}}_2^{(n-1)}\odot[\hat{\boldsymbol{H}}_1^{(n)}(\hat{\boldsymbol{S}}^{(n)}\odot\boldsymbol{C})^{\mathrm{T}}]$$

再通过 Khatri - Rao 积的逆运算得到估计值 $\hat{\boldsymbol{A}}=\hat{\boldsymbol{H}}_1^{(n)}(\hat{\boldsymbol{S}}^{(n)}\odot\boldsymbol{C})^{\mathrm{T}}$。

步骤 6：根据 $\hat{\boldsymbol{A}}$ 得到 $\hat{\boldsymbol{H}}_1^{(n)}=\hat{\boldsymbol{A}}\{(\hat{\boldsymbol{S}}^{(n)}\odot\boldsymbol{C})^{\mathrm{T}}\}^{\dagger}$

步骤 7：根据式(4 - 34)，计算 $\hat{\boldsymbol{H}}_2$

$$\hat{\boldsymbol{H}}_2^{(n)}=\{\{[\hat{\boldsymbol{H}}_1^{(n)}(\hat{\boldsymbol{S}}^{(n)}\odot\boldsymbol{C})^{\mathrm{T}}]\odot\boldsymbol{G}\}^{\dagger}[\tilde{\mathcal{Y}}]_{([3,4,2],[1])}\}^{\mathrm{T}}$$

步骤 8：重复步骤 2 至步骤 7，直到满足收敛条件 $|\varphi_1^{(n)}-\varphi_1^{(n-1)}|\leqslant\varepsilon(\varepsilon=10^{-6})$，最终得到信号 $\boldsymbol{S}$ 的估计值 $\hat{\boldsymbol{S}}$。

本算法中，Khatri-Rao 积的逆运算是指已知两个矩阵 Khatri-Rao 积的结果和其中一个矩阵，求另一个矩阵的运算。例如，式 $\boldsymbol{A}\odot\boldsymbol{B}=\boldsymbol{C}$，$\boldsymbol{A}\in\mathbf{C}^{3\times4}$，$\boldsymbol{B}\in\mathbf{C}^{5\times4}$，$\boldsymbol{C}\in\mathbf{C}^{15\times4}$ 中，已知矩阵 $\boldsymbol{B}$ 和矩阵 $\boldsymbol{C}$ 求矩阵 $\boldsymbol{A}$。

同样，由于已知编码矩阵 $\boldsymbol{C}_1$、$\boldsymbol{C}_2$ 和放大矩阵 $\boldsymbol{G}_1$、$\boldsymbol{G}_2$，获取的 $\hat{\boldsymbol{S}}$ 不存在列模糊，尺度模糊可通过自动增益控制或相位估计等方法消除[29-31]。

3. 算法可行性分析

张量模型能够在信号处理领域发挥重要的作用，源于张量模型的分解唯一性和可辨识性。只有在满足分解唯一性条件时，拟合算法才有效，采用张量模型分解估计出的结果才是有意义的。此外，可辨识性条件为参数的设计提供了可行的范围。

考虑唯一性条件，假设信道为丰富散射且符号矩阵为全列秩。由于式(4 - 32)～式(4 - 34)满足嵌套 PARAFAC 模型[31]，唯一性条件需满足下列不等式：

$$(M_F,\ M_{B1}+M_{B2})\geqslant\max(M_{B1}+M_{B2}-M_{S1}-M_{S2}+2,\ 2)\tag{4-36}$$

并有

$$M_{S1}+M_{S2}\geqslant2,\ M_{B1}+M_{B2}\geqslant2\tag{4-37}$$

此外，LS 算法处理的唯一性条件要求 $\boldsymbol{S}$ 为列满秩[29]，即

$$\mathrm{rank}(\boldsymbol{S})=M_{S1}+M_{S2}\geqslant2\tag{4-38}$$

该条件满足不等式(4 - 36)。在实际应用场景中，可以假设数据块长度大于双跳通信中共信道链路的总数，即

$$N \geqslant M_{S1}M_{B1},\ N \geqslant M_{S2}M_{B2} \tag{4-39}$$

嵌套 PARAFAC 模型实现参数分解唯一性的充要条件为参数的可辨识性提供了理论依据。首先，模型分解的必要条件为

$$P \geqslant \left\lceil \frac{(M_{S1}+M_{S2})}{N} \right\rceil \tag{4-40}$$

$$J \geqslant \left\lceil \frac{(M_{B1}+M_{B2})}{M_F} \right\rceil \tag{4-41}$$

$$PJ \geqslant \left\lceil \max\left(\frac{M_1+M_2}{M_F},\ \frac{M_{B1}+M_{B2}}{N}\right) \right\rceil \tag{4-42}$$

其次，假设联合信道 $\boldsymbol{H}_1$ 和 $\boldsymbol{H}_2$ 是从连续高斯分布中随机抽取的，并且符号矩阵 $\boldsymbol{S}$ 不具有 0 列，即 $\mathrm{rank}(\boldsymbol{S}) \geqslant 1$，且编码矩阵 $\boldsymbol{C}$ 和 $\boldsymbol{G}$ 满足列满秩，即

$$\mathrm{rank}(\boldsymbol{C}) = M_{S1}+M_{S2},\ \mathrm{rank}(\boldsymbol{G}) = M_{B1}+M_{B2} \tag{4-43}$$

模型分解的充分条件为

$$P \geqslant M_{S1}+M_{S2},\ J \geqslant M_{B1}+M_{B2} \tag{4-44}$$

参数设置在满足上述条件时，采用所提基于张量模型分解的方法估计出的结果是有意义的。

4. 算法复杂度分析

GTC-LS 算法与 TST 算法的计算复杂度如表 4.1 所示，其中 $M_S = M_{S1} + M_{S2}$，$M_B = M_{B1} + M_{B2}$。

表 4.1 GTC-LS 算法与 TST 方法计算复杂度比较

使用方法	GTC-LS	TST
计算复杂度	$PM_S^2(JM_F+N)+JM_B^2(M_F+M_S)$	$M_B^2M_F+M_BM_FM_S+M_FM_BN+M_FM_SN$
信号获取	累积误差小	累积误差大

TST 算法是一种半盲检测方法，实现简单、无须迭代。当参数设置为 $M_{S1}=2$、$M_{S2}=2$、$M_{B1}=2$、$M_{B2}=2$、$M_F=8$、$P=4$、$J=5$、$N=50$ 时，TST 算法的计算复杂度低于 GTC-LS 算法的计算复杂度，相差几千次乘法。但 TST 算法需要使用导频序列，占用一定的频谱资源，并且在处理高阶矩阵方面存在

难度。此外，TST 算法在 UAV 端分别求得用户节点到基站和基站到 UAV 的信道矩阵，从而获得信号矩阵，基站到 UAV 信道矩阵的估计性能受到用户节点到基站信道矩阵估计性能的影响，累积误差较大。

GTC-LS 算法通过广义张量压缩方法，构建高阶信号张量模型，可以灵活地得到其切片展开式，有利于基于 LS 迭代拟合算法的求解。该算法无需导频序列，在 UAV 端进行信号和信道的联合估计，累积误差小。此外，GTC-LS 算法与 TST 算法相差的数千次乘法完全可以通过提高设备配置实现，影响较小。综上，GTC-LS 算法在 UAV 监听系统的信息获取上具有一定的优势。

4.3.3　仿真结果及分析

本节给出了 GTC-LS 信息监听算法的仿真结果。其中，系统噪声矩阵和信道矩阵中的元素都是均值为 0、方差为 1 的独立同分布复高斯随机变量，信号采用 BPSK 调制。所有实验结果均通过 2000 次蒙特卡罗仿真实验获得。信号矩阵的估计性能使用 BER 与 SNR 的关系进行评估，仿真结果与 TST 算法和 ZF 算法进行了比较。此外，利用 CCDF 和 CDF 分析了算法的稳定性。

图 4.8 为参数设置为 $M_{S1}=2$、$M_{S2}=2$、$M_{B1}=2$、$M_{B2}=2$、$M_F=8$、$P=4$、$J=5$、$N=50$ 时，GTC-LS 算法与 TST 算法、ZF 算法的 BER 性能对比图。由图可知，GTC-LS 算法性能接近 ZF 算法，但 ZF 算法需要一些先验信息，高维求逆复杂度高，且不可避免地放大了被检测信号的噪声；同时 GTC-LS 算法性能优于 TST 算法，并且无需导频序列，可以提高频带资源的利用率。

系统时隙数 N 设置为 10、30、50、70，且满足分解唯一性条件时，GTC-LS算法的 BER 如图 4.9 所示。根据仿真结果可看出，随着时隙数 N 的增加，GTC-LS 算法的信息获取性能得到了提升。这是由于增加时隙数 N，系统观测时间变长，获得了更多时间分级，所以信息获取的性能和参数估计的精度都有所提高。但是增加时隙数 N 会增大算法复杂度。因此，当需要获取高精度信息数据时，需要计算能力较强的设备以满足较高的计算复杂度。

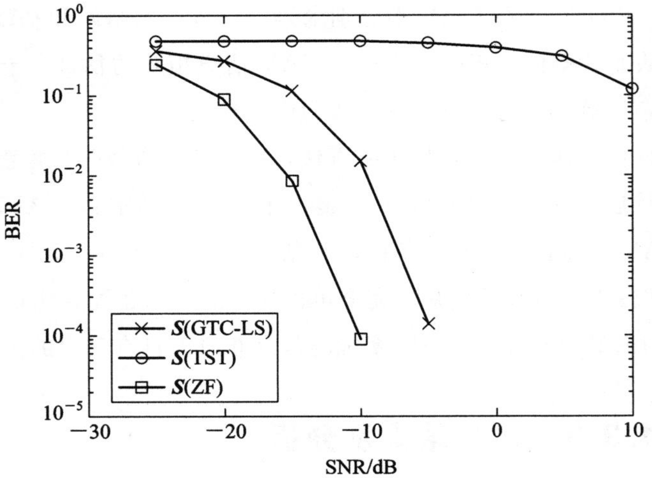

图 4.8 BER 性能对比图

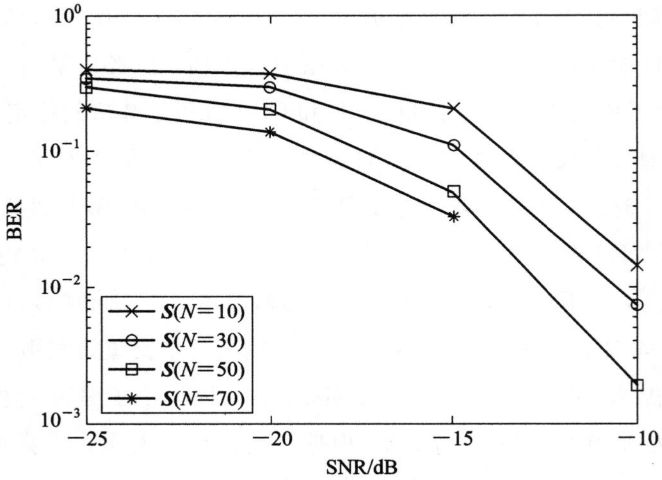

图 4.9 不同时隙数下 BER 性能对比图

图 4.10 为 GTC-LS 算法与 TST 算法的 CCDF 性能对比图。其中，CDF 强调的是较小值，CCDF 是 CDF 的补足(CCDF=1−CDF)。虚线表示当 SNR 为 25 dB 和 30 dB 时 TST 算法的 CCDF 性能，实线表示当 SNR 为 3 dB 和8 dB时 GTC-LS 算法的 CCDF 性能。由图可知，与 TST 算法相比，GTC-LS 算法的

rMSE 值集中在较低范围内，说明其具有较好的鲁棒性；在信噪比较低的情况下，GTC-LS 算法曲线更陡、更平滑，说明其受噪声影响较小，比 TST 更稳定；GTC-LS 算法在 SNR 为 3 dB 时的 CCDF 与 TST 算法在 SNR 为30 dB时的 CCDF 接近，说明其具有高可靠性。

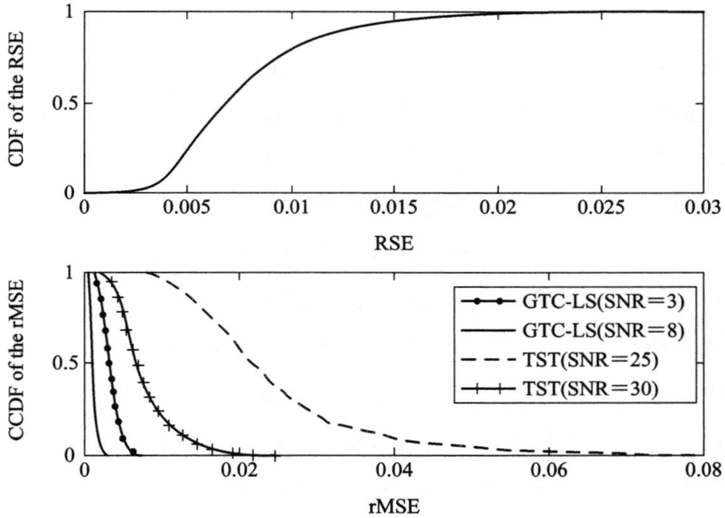

图 4.10　CCDF 性能对比图

4.4 本章小结

集群无人机在无线通信领域的应用是当前研究的热点之一。获取无人机在通信过程中的信道状态信息至关重要，它是设计一个高效无人机通信系统的前提。因此，本章研究了集群无人机在中继协作无线通信系统的信号接收技术，并将张量模型应用到无线通信系统中。在接收端，可以将接收信号建模为与收发端天线数、编码长度和时间帧长度有关联的张量模型，结合盲估计方法，能够在使用少量导频序列的情况下实现信道和符号的联合估计。

两跳无线通信场景中，多个无人机信号采用 MKRST 预编码，在中继节点使用 AF 协议对信号进行转发，目的节点使用基于嵌套 PARAFAC 的 ALS 估计算法对接收信号进行处理。根据张量特点，本章介绍了 NP-ALS 算法，并分析了算法的检测性能、计算复杂度。同时，与已有的 TST 信号检测算法、ZF 接收算法进行了比较，并对所提算法进行了 Matlab 仿真验证。

针对无线通信系统中 UAV 如何监听两用户信息的问题，本章介绍了 GTC-LS 算法。该算法利用了广义张量压缩运算，使基于 LS 的求解更加灵活方便，与 ZF 算法以及 TST 算法相比，GTC-LS 算法避免了使用导频序列，节约了宝贵的带宽资源，并且性能与 ZF 算法性能接近。在无线通信系统中，尤其是环境恶劣的军事战场，利用 UAV 进行监听多用户信号的方法具有一定的应用价值。

本章参考文献

[1] 刘亚丽. 基于PARAFAC模型的大规模MIMO系统信道估计方法研究. 郑州：郑州大学，2018.

[2] XIMENES L R, FAVIER G, ALMEIDA A L F. Closed-form semi-blind receiver for MIMO relay systems using double Khatri-Rao space-time coding. IEEE Signal Processing Letters, 2016, 23(3): 316 - 320.

[3] ALBAYATI A K S, PRAKRIYA S, PRASAD S. Semi-blind space-time receiver for multiuser detection of DS/CDMA signals in multipath channels. IEE Proceedings-Communications, 2006, 153(3): 410 - 418.

[4] DOU Z, Li C M, Li C, et al. Tensor communication waveform design with semi-blind receiver in the MIMO system. IEEE Transactions on Vehicular Technology, 2020, 69(2): 1727 - 1740.

[5] PIAO S X, BA Z J, SU L, et al. Automating CSI measurement with UAVs: from problem formulation to energy-optimal solution. IEEE Conference on Computer Communications, Paris, France, 2019.

[6] KONG T, HUA Y. Optimal design of source and relay pilots for MIMO relay channel estimation. IEEE Transactions on Signal Processing, 2011, 59(9): 4438 - 4446.

[7] WU K, JIANG X, YI Y, et al. CSI-based indoor localization. IEEE Transactions on Parallel & Distributed Systems, 2013, 24(7): 1300 - 1309.

[8] 韩曦. 基于多维矩阵的移动通信信号检测及参数估计技术研究. 北京：北京邮电大学，2013.

[9] Han X, ALMEIDA A L F, LIU A, et al. Semi-blind receiver for two-way MIMO relaying systems based on joint channel and symbol

estimation. IET Communications, 2019, 13(8): 1090 - 1094.

[10] GAO F, CUI T, NALLAMATHAN A. On channel estimation and optimal training design for amplify and forward relay networks. IEEE Transactions on Wireless Communications, 2008, 7: 1907 - 1916.

[11] FU Y, YANG L, ZHU W P. A nearly optimal amplify-and-forward relaying scheme for two-hop MIMO multi-relay networks. IEEE Communications Letters, 2010, 14(3): 229 - 231.

[12] KIBANGOU A Y, FAVIER G. Non-iterative solution for PARAFAC with a Toeplitz matrix factor. 17th European Signal Processing Conference, Glasgow, United Kingdon, 2009.

[13] ALMEIDA A L F, FERNANDES C A R, COSTA D B. Multiuser detection for uplink DS-CDMA amplify-and-forward relaying systems. IEEE Signal Processing Letters, 2013, 20(7): 697 - 700.

[14] CATHERWOOD P A, BLACK B, MOHAMED E B, et al. Radio channel characterization of mid-band 5G service delivery for ultra-low altitude aerial base stations. IEEE Access, 2019, 7: 8283 - 8299.

[15] ROEMER F, HAARDT M. Tensor-based channel estimation and iterative refinements for two-way relaying with multiple antennas and spatial reuse. IEEE Transactions on Signal Processing, 2010, 58(11): 5720 - 5735.

[16] RONG Y, KHANDAKER M R A. Channel estimation of dual-hop MIMO relay systems using parallel factor analysis. Proceedings of the Seventeenth Asia Pacific Conference on Communications, Sabah, Malaysia, 2011: 278 - 283.

[17] NASKOVSKA K, HAARDT M, ALMEIDA A L F. Generalized tensor contractions for an improved receiver design in MIMO-OFDM systems. IEEE International Conference on Acoustics, Speech and Signal Processing, Calgary: Canada, 2018.

[18] RONG Y. Joint source and relay optimization for two-way MIMO

multi-relay networks. IEEE Communications Letters, 2011, 15(12): 1329 - 1331.

[19] CAVALCANTE Í V, ALMEIDA A L F, HAARDT M. Tensor-based approach to channel estimation in amplify-and-forward MIMO relaying systems. IEEE 8th Sensor Array and Multichannel Signal Processing Workshop, Coruna, Spain, 2014.

[20] GHASSEMI M, SHAKERI Z, SARWATE A D, etal. STARK: Structured dictionary learning through rank-one tensor recovery. 2017 IEEE 7th International Workshop on Computational Advances in Multi-Sensor Adaptive Processing, Curacao, Helan, 2017.

[21] CHIU L, WU S. An effective approach to evaluate the training and modeling efficacy in MIMO time-varying fading channels. IEEE Transactions on Communications, 2015, 63(1): 140 - 155.

[22] MAWATWAL K, SEN D, ROY R. A semi-blind channel estimation algorithm for massive MIMO systems. IEEE Wireless Communications Letters, 2017, 6(1): 70 - 73.

[23] 胡哲，景小荣. 基于 Homotopy 算法的低复杂度多用户大规模 MIMO 信号检测方法. 重庆邮电大学学报，2019，31(6)：792 - 798.

[24] ZHAO L X, LI S A, ZHANG J K, et al. A PARAFAC-based blind channel estimation and symbol detection scheme for massive MIMO systems. International Conference on Cyber-enabled Distributed Computing and Knowledge Discovery, Zhengzhou, China, 2018.

[25] FREITASJR W C, FAVIEI G, ALMEIDA A L F. Generalized Khatri-Rao and Kronecker space-time coding for MIMO relay systems with closed form semi-blind receivers. Signal Processing, 2018, 151: 19 - 31.

[26] HAARDT M, ROEMER F, GALDO G D. Higher-order SVD-based subspace estimation to improve the parameter estimation accuracy in multi-dimensional harmonic retrieval problems. IEEE Transactions on Signal Processing, 2018: 3198 - 3213.

[27] SOKAL B, ALMEIDA A L F, HAARDT M. Rank-one tensor modeling approach to joint channel and symbol estimation in two-hop MIMO relaying systems. Brazilian Symposium on Telecommunications and Signal Processing, Sao Pedro, USA, 2017.

[28] HAN X, ALMEIDA A L F. Channel estimation for MIMO multi-relay systems using a tensor approach. EURASIP Journal on Advances in Signal Processing, 2014, 1: 163.

[29] HAN X, ALMEIDA A L F. Multiuser receiver for joint symbol/channel estimation in dual-hop relaying systems. Wireless Personal Communications, 2015, 83: 17 - 33.

[30] ALMEIDA A L F, FAVIER G, MOTA J C M. Space-time spreading-multiplexing for MIMO wireless communication systems using the PARATUCK tensor model. Signal Processing, 2009, 89: 2103 - 2116.

[31] XIMENES L R, FAVIER G, ALMEIDA A L F. Semi-blind receivers for non-regenerative cooperative MIMO communications based on nested PARAFAC modeling. IEEE Transactions on Signal Processing, 2015, 63(18): 4985 - 4998.

第5章

图像处理中基于张量的应用

在数字化时代，图像已成为信息传递和通信领域不可或缺的重要载体，其高效压缩与传输技术的研发具有极其重要的现实意义[1-2]。鉴于此，本书特别加入了图像处理环节，深入探讨了张量这一多维数据结构在图像处理领域的显著优势[3]。张量的高阶特性使得它在图像压缩与传输过程中能够更精准地捕捉和保留图像的复杂结构和细节信息[4]。采用基于 TUCKER 分解[5-6]的张量方法，不仅能提取图像的主要成分，有效剔除冗余信息，实现高效的压缩，而且通过这种方式得到的压缩数据具有更小的数量，大大简化了传输和存储的难度[7-8]。这一技术的应用，在降低系统带宽和存储空间需求的同时，也与无线信号接收机的设计紧密相连，因为它能够显著提升信号特征的提取和增强，从而提高接收机的整体性能。此外，图像压缩算法的应用对于减轻数据传输带宽压力和降低处理复杂度具有深远影响。图像处理技术在多天线系统中的空间分辨率提升、干扰抑制以及信号重建等方面，为无线通信接收机的设计带来了全新的视角和解决方案。这种跨学科的融合不仅拓展了无线通信技术的研究领域，也为工程师和科研人员提供了更加丰富的技术手段和创新思路，进一步推动了无线通信技术的进步和发展。通过本书的介绍，我们期望能够帮助读者更好地理解图像处理技术在张量无线信号接收机设计中的重要作用，以及如何在实际应用中充分利用这些技术，以促进无线通信系统的优化和升级。

本章旨在探讨张量的 TUCKER 分解在图像压缩处理中的应用。首先介绍了图像的张量表示及其 TUCKER 分解；接着以彩色图像为例，介绍了图像的压缩流程；最后使用 Matlab 仿真，对比了在不同核心张量维度下原始图像和压缩后的图像，给出了压缩比、迭代次数和图像失真率之间的关系。

本章用$\mathcal{X}$来表示彩色图像的三阶张量，其中 I_1、I_2、I_3 分别代表彩色图像的宽、高和 RGB 三通道。

高维空间中的数据$\mathcal{X}\in\mathscr{R}^{I_1\times I_2\times\cdots\times I_N}$，可以按照以下形式进行分解：

$$\mathcal{X}=\sum_{i_1=1}^{I_1}\sum_{i_2=1}^{I_2}\cdots\sum_{i_N=1}^{I_N}\mathcal{B}(i_1,i_2,\cdots,i_N)\boldsymbol{U}_{i_1}^{(1)}\circ U_{i_2}^{(2)}\circ\cdots\circ U_{i_N}^{(N)} \tag{5-1}$$

式中，$\mathcal{B}^{I_1\times I_2\times\cdots\times I_N}$是$(I_1\times I_2\times\cdots\times I_N)$的 N 阶张量，它相当于 SVD 分解过程中的奇异值张量，$\boldsymbol{U}^n$ 为 $I_n\times I_n$ 的矩阵($n=1, 2, \cdots, N$)，它表示张量的特征向量[9]，其 TUCKER 分解具有以下性质[10]：

性质 1 $\boldsymbol{U}^n$ 是 I_N 阶酉矩阵，它的列向量组成了一组标准正交基。

性质 2 子张量$\mathcal{B}$全正交，即$\langle\mathcal{B}_{i_N}=\partial, \mathcal{B}_{i_N}=\beta\rangle=0(\partial\neq\beta)$，并有$\mathcal{B}_{i_N=1}\geqslant\mathcal{B}_{i_N=2}\geqslant\cdots\geqslant\mathcal{B}_{i_N=I_N}\geqslant 0$。

每一维中前 K_n 个最大的子张量对应的特征向量，保留了原始张量$\mathcal{X}$的核心信息以及特有的空间结构。式(5-1)可写为

$$\mathcal{X}\approx\sum_{k_1=1}^{K_1}\sum_{k_2=1}^{K_2}\cdots\sum_{k_N=1}^{K_N}\mathcal{B}(k_1,k_2,\cdots,k_N)\boldsymbol{U}_{k_1}^{(1)}\circ\boldsymbol{U}_{k_2}^{(2)}\circ\cdots\circ\boldsymbol{U}_{k_N}^{(N)} \tag{5-2}$$

$$(k_n\ll I_n,\ n=1,2,\cdots,N)$$

图 5.1 为三阶原始张量$\mathcal{X}$的 TUCKER 分解，包含一个三阶的核心张量 **B** 以及三个二阶的因子矩阵，通过式(5-2)可以将三阶的原始张量$\mathcal{X}$还原，且不会流失核心信息与空间结构。在信号数据压缩方面，可以先将要传输的信息变为张量，再通过对原始张量的 TUCKER 分解得出一个核心张量和三个相关的因子矩阵，然后通过信道传输[11]。接收端通过霍夫曼译码，得出一个核心张量和三个相关的因子矩阵，再将其还原为原始张量。通过上述操作，可以直观地看到核心张量与原始张量维度上的缩小，所传输的数据量比直接传输张量有明

显的缩小，且通过 TUCKER 分解，去除了冗余和错误信息，降低了失真率[12]。

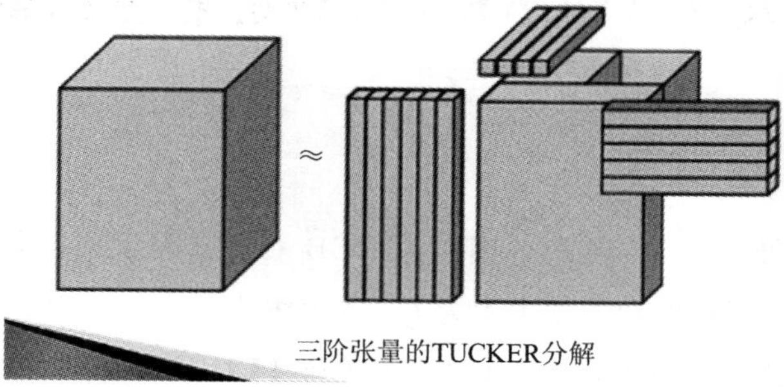

图 5.1 三阶原始张量$\mathcal{X}$的 TUCKER 分解过程

5.1 基于 TUCKER 分解的彩色图像压缩

把彩色图像($W\times H$)和彩色图像的 RGB 三通道表示为三阶张量$\mathcal{X}^{I_1\times I_2\times I_3}$形式[13]。其中，彩色图像的宽表示为 I_1，彩色图像的高表示为 I_2，RGB 分量表示为 I_3，对彩色图像的原始张量$\mathcal{X}^{I_1\times I_2\times I_3}$进行 TUCKER 分解，取前 K_n 个最大的子张量及其对应的特征分量，即

$$\mathcal{X}^{I_1\times I_2\times I_3}\approx\mathcal{B}^{K_1\times K_2\times K_3}\times_1\boldsymbol{U}^{(1)}\times_2\boldsymbol{U}_3^{(2)}\boldsymbol{U}^{(3)} \tag{5-3}$$

其中，$\mathcal{B}$代表着原始张量经过 TUCKER 分解后所保留的核心张量，$\boldsymbol{U}^{(1)}$和$\boldsymbol{U}^{(2)}$、$\boldsymbol{U}^{(3)}$分别代表着对原始张量进行 TUCKER 分解后，沿着三个不同维度切片得出的三个因子矩阵，通过观察可以发现，原始张量$\mathcal{X}$的维度固定，由图像的宽、高和 RGB 分量决定。经过 TUCKER 分解后所保留的核心张量的维度小于原始张量的维度，彩色图像的维度得到了压缩，但核心信息以及空间结构保持不变[14-15]。在数据传输过程中，可将原始张量分解为一个核心张量和三个因子矩阵，进行霍夫曼编码以适应信道进行传输，传输完成后，经过霍夫曼译码和张量 TUCKER 分解的逆运算，即

$$\mathcal{B}^{K_1\times K_2\times K_3}\times_1\boldsymbol{U}^{(1)}\times_2\boldsymbol{U}_3^{(2)}\boldsymbol{U}^{(3)}\approx\mathcal{X}^{I_1\times I_2\times I_3} \tag{5-4}$$

得出解压缩的图像。可利用该操作实现日常生活中的图像信号处理。利用 TUCKER 分解可以保留原始张量的核心信息，并通过张量压缩与解压过程，提升彩色图像的传输质量。

5.2 基于张量 TUCKER 分解的数据压缩算法

基于张量 TUCKER 分解的数据压缩算法可分为以下几步：

首先，进行数据输入：读取彩色图像并将其转化为张量($\mathcal{X}^{I_1\times I_2\times I_3}$)形式。核心张量$\mathcal{B}$的低维维数 K_1、K_2、K_3 可自行设定，该数值决定了彩色图像在压缩过程时的压缩比，压缩比越大，图像失真率越高，压缩比越小，图像的质量就越高。

接下来，初始化操作 $\boldsymbol{U}_0^n\in\mathbf{R}^{I_n\times K_n}$($n=1$, 2, …, N)，令彩色图像的 $N=3$，并执行以下操作：

stop＝0；//初始化循环停止标志 stop 为 0

while(～stop)do

$\widetilde{U}_{j+1}^{(1)}=\text{matrixing}(X\times_2 U_j^{(2)^T}\times_3 U_j^{(3)^T}\times\cdots\times_N U_j^{(N)^T},1)$；

$\widetilde{U}_{j+1}^{(1)}=\text{svd}(\widetilde{U}_{j+1}^{(1)},K_1)$；

$\widetilde{U}_{j+1}^{(2)}=\text{matrixing}(X\times_1 \widetilde{U}_j^{(2)^T}\times_3 \widetilde{U}_j^{(3)^T}\times\cdots\times_N \widetilde{U}_j^{(N)^T},2)$；

$\widetilde{U}_{j+1}^{(2)}=\text{svd}(\widetilde{U}_{j+1}^{(2)},K_2)$；

…

$\widetilde{U}_{j+1}^{(N)}=\text{matrixing}(X\times_1 \widetilde{U}_j^{(1)^T}\times_2 \widetilde{U}_j^{(2)^T}\times\cdots\times_{(N-1)} \widetilde{U}_j^{(N-1)^T},N)$；

$\widetilde{U}_{j+1}^{(N)}=\text{svd}(\widetilde{U}_{j+1}^{(N)},K_N)$；

$B=X\times_1 \widetilde{U}_j^{(1)^T}\times_2 \widetilde{U}_j^{(2)^T}\times\cdots\times_{(N)} \widetilde{U}_j^{(N)^T}$；

if($B_{j+1}{}^2-B_j{}^2<\varepsilon$)then

stop＝1；//若条件满足，将 stop 置为真，while 循环将终止

end if

end while

最后，对$\mathcal{B}^{K_1 \times K_2 \times K_3}$及$\boldsymbol{U}^{(N)}$进行编码并送入信道传输。传输过程完成后，接收端进行图像数据的解压缩，先通过霍夫曼译码得出核心张量$\mathcal{B}^{K_1 \times K_2 \times K_3}$以及因子矩阵$\boldsymbol{U}^{(N)}$，再通过式$\mathcal{X}^{I_1 \times I_2 \times I_3} \approx \mathcal{B}^{K_1 \times K_2 \times K_3} \times_N \boldsymbol{U}^N \mid_{n=1}^{N}$解压恢复出压缩的图像。

5.3　Matlab 代码及仿真分析

5.3.1　Matlab 代码

基于张量 TUCKER 分解的数据压缩算法 Matlab 部分代码如下：

```
clear all；
clc
% G  核心张量
% A  三个因子矩阵中的第一片
% B  第二片
% C  第三片，三个因子矩阵分别为三个不同维度
XX=imread('C：\Users\Administrator\Desktop\lena.jpg')；
                                                    % 读取图片
X=im2double(XX)；%转换为双精度数值方便运算
D = [50 50 3]；%决定核心张量的维度为 50、50、3
Nx=ndims(X)；
N=size(X)；
A=randint(N(1)，D(1)，[0，255])；%产生正态分布随机数。设定三个因子矩阵的初始值，为 0～255 的正整数
B=randint(N(2)，D(2)，[0，255])；
C=randint(N(3)，D(3)，[0，255])；
% 设置算法参数
iter=0；% 迭代次数
SST=sum(X(：).^2)；% X 中所有元素平方和
```

```
SSE=inf; %误差平方和
dSSE=inf;
tic;
disp(['']) % 显示数组
disp(['Tucker optimization'])
disp(['A'num2str(D) ' component model will be fitted'])
dheader = sprintf('%12s | %12s | %12s | %12s |', 'Iteration', 'Expl. var. ', 'dSSE', 'Time');
dline = sprintf('---------+----------+----------+----------+');
while dSSE>=1e-9*SSE && iter<250  %循环迭代过程，当得出核心张量与原核心张量的信息量差异极小时，才可以输出核心张量以及三个因子矩阵
    if mod(iter, 100)==0
      disp(dline); disp(dheader); disp(dline);
      end
      iter=iter+1;
      SSE_old=SSE;
      % 估算 A, B, C
      [U, S, V]=svd(matricizing(X, 1) * kron(C, B), 0);
      A=U(:, 1:D(1));
      [U, S, V]=svd(matricizing(X, 2) * kron(C, A), 0);
      B=U(:, 1:D(2)) ;
      [U, S, V]=svd(matricizing(X, 3) * kron(B, A), 0);
      C=U(:, 1:D(3));
      G=tmult(tmult(tmult(X, A', 1), B', 2), C', 3);
      % 评估最小二乘误差
      SSE=SST-sum(sum(sum(G.^2))); %计算原始张量所有元素平方和与核心张量所有元素平方和的差
      dSSE=SSE_old-SSE; %判断条件
```

```
        %显示迭代
        if rem(iter, 1)==0 %求迭代次数除以 1 的余数
            disp(sprintf('%12.0f | %12.4f | %6.5e | %12.4e ', iter, (SST-SSE)/SST, dSSE, toc));
            tic;
        end
    end
    % 显示最终迭代值
    disp(sprintf('%12.0f | %12.4f | %6.5e | %12.4e ', iter, (SST-SSE)/SST, dSSE, toc));
    X1=tmult(tmult(tmult(G, A, 1), B, 2), C, 3); %得出双精度数值的解压缩矩阵
    X2=im2uint8(X1); %转换为 uint8 形式，方便代入 RGB 分量构建图像
    youData(:, :, 1) = X1(:, :, 1); %对应 RGB 分量
    youData(:, :, 2) = X1(:, :, 2);
    youData(:, :, 3) = X1(:, :, 3);
    imwrite(youData, '111.jpg'); %写图片
    imshow('111.jpg')%显示所写的图片
```

5.3.2 仿真结果及分析

以彩色 256×256×3 的 Lena 三阶图像为例，对比了不同核心张量维度对解压缩后的图像的影响。

不同的核心张量维度，产生了不同的压缩比，即原始维度与核心张量维度之商。通过观察发现，压缩比越高，解压缩的图像质量越差。原始图像为 256×256×3 的三阶张量，即原始张量为 196608 个元素构成的三阶张量，第一次压缩三个因子矩阵的维度分别为 256×50，256×50，3×3，核心张量维度为 50×50×3，即经过解压缩后的三阶张量由 33109 个元素组成。在数据量上得到了明显的缩小，维度也由 256×256×3 缩小为 50×50×3，如图 5.2 所示。随着

压缩比的增大，解压缩后的图像质量将会下降，如图 5.3、图 5.4 所示。

(a) 原始图像

(b) 解压缩后图像

图 5.2 核心张量维度为 50×50×3 时使用所述方法解压缩后的 Lena 图像

(a) 原始图像

(b) 解压缩后图像

图 5.3 核心张量维度为 40×40×3 时使用所述方法解压缩后的 Lena 图像

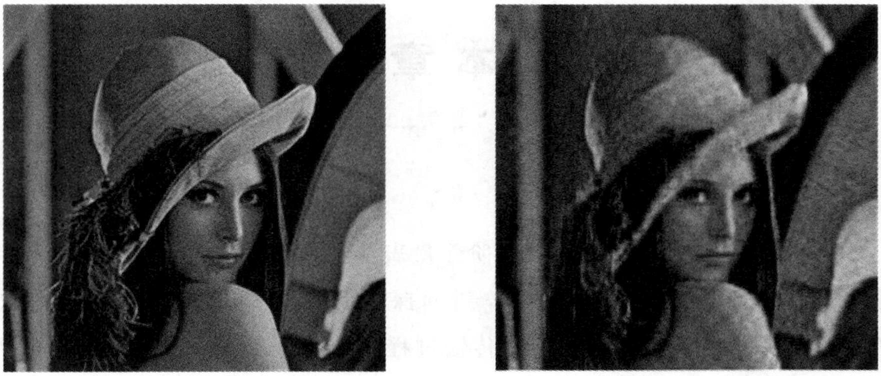

(a) 原始图像　　(b) 解压缩后图像

图 5.4　核心张量维度为 30×30×3 时使用所述方法解压缩后的 Lena 图像

5.4 本章小结

本章首先介绍了彩色图像的三阶张量表示及其 TUCKER 分解方法，接着阐述了 TUCKER 分解的特殊性质，进而探讨了基于 TUCKER 分解的图像压缩算法，随后介绍了图像的压缩和传输过程，最后通过仿真实验，对比了不同核心张量维度对解压缩后图像质量的影响，发现随着压缩比的增加，解压缩后的图像质量逐渐下降。此外，提高迭代次数可以有效减少图像失真率，保留更多的核心信息。

本章参考文献

[1] KIM S, CHO N I. Hierarchical prediction and context adaptive coding for lossless color image compression. IEEE Transactions on Image Processing, 2013, 23(1): 445-449.

[2] BALLÉ J, LAPARRA V, SIMONCELLI E P. End-to-end optimized image compression. International Conference on Learning Representations, Toulon, France, 2017.

[3] FAN X, FEI W, DAI W. Tensor network-based entropy coding for learned image compression. 2022 Picture Coding Symposium (PCS). San Jose, USA, 2022: 235-239.

[4] LONG Z, ZHU C, LIU J N. Bayesian low rank tensor ring for image recovery. IEEE Transactions on Image Processing, 2021, 30: 3568-3580.

[5] TUCKER L R, TUCKER L. The extension of factor analysis to three-dimensional matrices. Contributions to Mathematical Psychology, 1964.

[6] SUN L, GUO H. Blind unmixing of hyperspectral images based on L1 norm and tucker tensor decomposition. IEEE Geoscience and Remote Sensing Letters, 2022, 19: 1-5.

[7] 王东方，周激流，何坤，等. 基于张量 Tucker 分解的彩色图像压缩. 四川大学学报(自然科学版)，2010，47(2)：287-292.

[8] DU B, ZHANG M, ZHANG L, et al. PLTD: Patch-based low-rank tensor decomposition for hyperspectral images. IEEE Transactions on Multimedia, 2017, 19(99): 67-79.

[9] BAKER K. Singular value decomposition tutorial. The Ohio State University, 2005.

［10］ ZHOU G，CICHOCKI A，ZHAO Q. Efficient nonnegative tucker decompositions：Algorithms and uniqueness. IEEE Transactions on Image Processing，2015，24(12)：4990－5003.

［11］ MOFFAT A. Huffman coding. ACM Computing Surveys（CSUR），2019，52(4)：1－35.

［12］ WANG D F，ZHOU J，HE K，et al. Using tucker decomposition to compress color images. 2009 2nd International Congress on Image and Signal Processing. Tianjin，China，2009.

［13］ 郭旭凯，李海广，龚志军. 火焰图像的张量平行因子分析识别法. 重庆理工大学学报(自然科学)，2023，37(8)：326－333.

［14］ WANG L，BAI J，JEON J J，et al. Hyperspectral image compression based on lapped transform and Tucker decomposition. Signal Processing：Image Communication，2015，36：63－69.

［15］ LANG H Y，Li Y，JIANG D M，et al. Remote sensing imagery object detection model compression via tucker decomposition. Mathematics，2023，11(4)：856.